Tasty Food
食在好吃

一学就会的
107种西点

黎国雄 主编

江苏凤凰科学技术出版社
·南京·

图书在版编目（CIP）数据

一学就会的 107 种西点 / 黎国雄主编 . — 南京：江
苏凤凰科学技术出版社，2015.7（2021.7 重印）
（食在好吃系列）
ISBN 978-7-5537-4384-4

Ⅰ.①一… Ⅱ.①黎… Ⅲ.①西点 – 制作 Ⅳ.
① TS213.2

中国版本图书馆 CIP 数据核字 (2015) 第 085811 号

食在好吃系列

一学就会的107种西点

主　　　编	黎国雄
责 任 编 辑	葛　昀
责 任 监 制	方　晨

出 版 发 行	江苏凤凰科学技术出版社
出版社地址	南京市湖南路 1 号 A 楼，邮编：210009
出版社网址	http://www.pspress.cn
印　　　刷	天津丰富彩艺印刷有限公司

开　　　本	718 mm × 1 000 mm　1/16
印　　　张	10
插　　　页	4
字　　　数	250 000
版　　　次	2015年7月第1版
印　　　次	2021年7月第6次印刷

标 准 书 号	ISBN 978-7-5537-4384-4
定　　　价	29.80元

图书如有印装质量问题，可随时向我社印务部调换。

轻松变身西点师

　　顾名思义，西点就是来自欧美等西方国家和地区的糕点。Baking Food 是西点的英文名字，Baking 是烘焙的意思，可见西点的主要制作方式就是烘焙。

　　西点传入中国的时间不长，在 19 世纪初期的时候，烘焙技术才算是真正地来到了中国，并且也只是出现在大型城市，人们对面包等西式点心的接受程度还不是很高。但是随着经济的发展，这种精致小巧的点心越来越受到人们的喜爱，并且有越来越多的人迷恋上了自己制作西点，把它当成是生活的调剂品。

　　西点中最受人们欢迎的是蛋糕类、饼干类和混酥类的点心，欧美人把它们当成饭后甜点，而到了中国，它们成了下午茶的宠儿。西点的用料很精细，面皮、油皮、酥心等制作材料精确到克，原料间的比例会直接影响到最后的口感。西点的原料主要是油、蛋、糖、乳、干果等，从营养价值上来讲，对人体是极为有益的。

　　其实，每一道西点都像是一件工艺品，摆在茶桌上，它显示的是一种生活情调。精致好看的外表注定了西点的制作过程非常繁杂，同时还要发挥糕点师的想象力，给点心加上漂亮的外形和点缀。如果你是一个富有生活情趣且创造力极佳的人，那么不如动手来做专属自己的点心吧。

　　与中式点心甜咸皆宜的特点不同，西点的口味是以甜为主，习惯加入糖、乳制品、动植物油来打造香甜的口感，各种水果派、水果塔、蛋塔都受到人们的青睐，皮的松脆和馅儿的软香在口腔里混合成不一样的感觉，打动着人们的味蕾。

　　本书分三部分介绍了 107 道最受欢迎的西点，读者可根据自身需要选择初级、中级和高级进行循序渐进的学习。书中配有详细步骤分解图，使读者一目了然，材料间的用料搭配更是精确到克，即便是初学者，也可以轻松上手。下面就让我们一起进入甜蜜的西点世界吧！

目录 Contents

新手入门宝典

PART 1
初级入门篇

新手入门宝典

西点相关名词解释

西点是西方民族饮食文化的重要组成部分，其工艺较复杂，技术性强。为了使每位操作者都能准确掌握、提高制作技能，我们有必要先了解一些常见的西点名词。

慕斯

英文 MOUSSE 的译音，又译成木司、莫司、毛士等。它是将鸡蛋、奶油分别打发充气后，与其他调味品调合而成或将打发的奶油拌入馅料和明胶水制成的松软形甜食。

泡芙

英文 PUFF 的译音，又译成卜乎，也称空心饼、气鼓等。它是以水或牛奶加黄油煮沸后烫制面粉，再搅入鸡蛋，通过挤糊、烘烤、填馅料等工艺而制成的一类点心。

黄酱子

又称黄少司、黄酱、克司得、牛奶酱等。它是用牛奶、蛋黄、淀粉、糖及少量的黄油制成的糊状物体，是西点中用途较广泛的一种半制品，多用于做馅，如气鼓馅等。

曲奇

英文 COOKIES 的译音。它是以黄油、面粉加糖等主料经搅拌、挤制、烘烤而成的一种酥松的饼干。

布丁

英文 PUDDING 的译音。它是以黄油、鸡蛋、白糖、牛奶等为主要原料，配以各种辅料，通过蒸或烤制而成的一类柔软的点心。

派

英文 PIE 的译音，又译成排、批等。它是一种油酥面饼，内含水果或馅料，常用原形模具做坯模。按口味分为甜、咸两种，按外形分为单层皮派和双层皮派。

塔

英文 TART 的译音，又译成"挞"。它是以油酥面团为坯料，借助模具，通过制坯、烘烤、装饰等工艺而制成的内盛水果或馅料的一类较小型的点心，其形状可因模具的变化而变化。

糖霜皮

又称糖粉膏、搅糖粉等。它是用糖粉加鸡蛋清搅拌而成的质地洁白、细腻的制品，是制作白点心、立体大蛋糕和展品的主要原料，其制品具有形象逼真、坚硬结实、摆放时间长的特点。

膨松奶油

它是用鲜奶油或人造奶油加糖搅打制成的，在西点中用途非常广泛。

黄油酱

又称黄油膏、糖水黄油膏、布代根等。它是黄油搅拌加入糖水而制成的半制品，多为奶油蛋糕等制品的配料。

蛋白糖

又称蛋白膏、蛋白糖膏、烫蛋白等。它是用沸腾的糖浆烫制打起的膨松蛋白，洁白、细腻，可塑性好。

西点制作疑问解答

很多人在家中制作西点时，明明是按照食谱上的材料和过程制作的，可做好的西点还是常常出现各种问题，遇到各种各样的疑问需要解决。

西点如何保存？

西点分为干式和湿式，奶油蛋糕、泡芙等罐浆类食品都属于湿式西点，带有鲜奶、蛋清类的食品在防止细菌繁殖问题上，要慎之又慎。湿式点心在常温下很容易变质，夏季必须在冷藏条件下保存，保质期一般控制在 24 小时之内。而饼干和酥类的食品都属于干式西点，干式点心在空气中容易受潮，需要装入塑料袋密封储存。

小苏打、泡打粉与酵母粉的区别？

小苏打由于起发作用低、碱味重等缺点，已经更多的成为医用或化学用品。如果做面包和馒头时，实在找不到其他的起发材料，可以用小苏打混合白醋或食醋来达到酸碱平衡，增加起发作用。

泡打粉和酵母粉虽然都可以达到起发作用，但是还是有区别的。

泡打粉是由化学物质组成的，靠化学反应生成大量二氧化碳来达到起发作用，优点是起发快、受温度、湿度影响小，价格低，但它毕竟是由化学物质组成的，建议有小孩和孕妇的家庭尽量减少使用。

酵母粉用纯生物方法制成，优点是健康、帮助吸收、起发作用好，缺点是起发需要一定的温度、湿度配合，如果天气寒冷，则需要更多的时间起发或不容易起发，同时价格比泡打粉要高很多。

怎样保存奶油最好？

奶油的保存方法并不简单，绝不是随意放入冰箱中就可以的。最好先用纸将奶油仔细包好，然后放入奶油盒或密封盒中保存，这样，奶油才不会因水分散发而变硬，也不会沾染冰箱中其他食物的味道。

无论何种奶油，放在冰箱中以 2~4℃冷藏，都可以保存 6~18 个月。若是放在冷冻库中，则可以保存得更久，但缺点是，使用前要提前拿出来解冻。有一种无盐奶油，极容易腐坏，一旦打开，最好尽早食用。

为什么西点在入烤箱前或入烤箱初期会出现下陷的情况？

西点在烤之前就出现塌陷的现象，可能是酵母粉的用量过大导致，尤其是在夏天，最容易出现这种状况；也有可能是面粉的筋度不够或盐添加量不够；或者是糖、油脂和水的比例失调；或是搅拌时间不足、发酵时间太久、移动时碰撞太大造成等。这些情况都有可能造成点心塌陷，只要在制作的过程中避免这些问题，应该就不会出现下陷的现象了。

西点制作必备工具

制作西点最重要的是工具的帮助，以下为你介绍的这些工具都是制作西点的常用工具，希望你能够灵活运用它们，做出美味可口的西点。

和面机

和面机又称拌粉机，主要用作拌和各种粉料。它主要由电动机、传动装置、面箱搅拌器、控制开关等部件组成，利用机械运动将粉料、水或其他配料制成面坯，常用于大量面坯的调制。和面机的工作效率比手工操作高 5~10 倍，是面点制作中最常用的机器。

注意事项：

不要放过多的原材料进入和面机，以免机器高负荷运转而造成损坏。

发酵箱

发酵箱为面团醒发专用，能按要求控制温度和湿度。发酵箱型号很多，大小也不尽相同。发酵箱的箱体大都为不锈钢。发酵箱的工作原理是靠电热管将水槽内的水加热蒸发，使面团在一定温度和湿度下充分地发酵、膨胀。

注意事项：

1. 不要人为地先加热后加湿，这样会使湿度开关失效。

2. 醒发的温度一般控制在 35~38℃，丹麦类除外。温度太高，面团内外的温差较大，面团的醒发就会不均匀，易造成表面结皮；温度太低，醒发时间过长，会造成内部颗粒太粗。

3. 醒发湿度为 80%~85%，湿度太大，烤出制品颜色深，表皮韧性过大，会出现气泡。

4. 醒发时间以达到成品的 80%~90% 为准，通常是 60~90 分钟。醒发过度，面团内部组织不好，颗粒粗，表皮呆白；醒发不足，面团体积小，顶部形成一层盖，表皮呈红褐色，边皮有燃焦现象。

擀面杖

用于小量的酥类面包和糕点制作。

注意事项：

最好选择木制结实、表面光滑的擀面杖，尸寸依据用量选择。

量杯

杯壁上有标示容量，可用来量取材料，如水、油等，通常有多种大小尺寸可供选择。

注意事项：

1. 读数时注意刻度。

2. 不能作为反应容器。

打蛋器

打蛋器又称搅拌机，是由电动机、传动装置、搅拌桶等组成。它主要利用搅拌器的机械运动搅打蛋液、调味酱汁（少司）、奶油等，一般具有分段变速或无级变速功能。多功能的打蛋器还兼有和面、搅打、拌馅等功能，用途较为广泛。打蛋器可以将鸡蛋的蛋清和蛋黄打散并充分融合成蛋液，将蛋清和蛋黄打到起泡，可使搅拌的工作更加快速、均匀。

注意事项：

1. 必须有保护接地，防止漏电产生危险。

2. 保持机器工作平稳，不可整机在晃动下工作。

3. 不可以用水冲洗设备。

4. 不可超量搅拌。

5. 如用扇搅拌馅料时，请用 5 档以下工作搅拌。

电子秤

电子秤是用来对糕点材料进行称重的设备，通过传感器的电力转换，经称重仪表处理来完成对物体的计量。在制作糕点过程中，电子秤相当重要，只有称出合适分量的各种材料，才能做出一个完美的糕点。

注意事项：

在选择电子秤的时候，要注意选择灵敏度高的。

毛刷

多为羊毛制品，可用来刷蛋液、奶油、果胶等。

注意事项：

每次用完后注意洗净毛刷，保持毛刷干净。

西点制作基本原料

香喷喷的凤梨酥、甜脆的瓜子仁脆饼、可口的书夹酥……这些美味的西点不只在西饼屋才有，因为它们完全可以出自你的手。只要你准备好以下的西点原料，再好好学习各道西点的制作步骤，那么很快就能吃上自己亲手做的美味西点了。

泡打粉

又名发酵粉，化学膨大剂的一种，是由苏打粉配合其他酸性材料，并以玉米粉为填充剂的白色粉末，属于中性。泡打粉在接触水分、酸性及碱性粉末时，溶于水中而起反应，有一部分会开始释放出二氧化碳，同时在烘焙加热的过程中，会释放出更多的气体，这些气体会使产品达到膨胀及松软的效果。但是过量地使用泡打粉反而会使成品组织粗糙，影响风味甚至外观。

砂糖

作为制作西点的主要材料，砂糖在烘焙中的作用不容小视。它不光能增加甜度，还可以帮助打发的全蛋液或蛋白更持久地形成浓稠的泡沫状，帮助打发的黄油呈膨松的羽毛状，使糕点组织柔软细致，并可使糕点上色、保湿，以及延长保存时间。注意应选用颗粒较细小的精制砂糖。

蛋白稳定剂

一般做蛋糕的常用蛋白稳定剂叫塔塔粉，塔塔粉在蛋白中起的作用是能增强食品中的酸味，通过缓冲作用来调整食品中的 pH 值，还能通过溶解蛋清来延缓蛋白霜的老化。

油脂

是油和脂的总称，一般在常温下呈液态的称为油，呈固态或半固态的称为脂，油脂不仅有调味作用，还能调高食品的营养价值。制作过程中添加油脂，还能大大提高面团的可塑性，并使成品柔软光亮。

面粉

面粉是制作西点的最主要原料，其品种繁多，在使用时要根据需要进行选择。面粉的气味和滋味是鉴定其质量的重要感官指标。好面粉闻起来有新鲜而清淡的香味，嚼起来略具甜味。凡是有酸味、苦味、霉味和腐臭味的面粉都属变质面粉。

乳品

乳品中的脂肪，可以带给人浓郁的奶香味。在烘烤西点时，乳品能使低分子脂肪酸挥发，奶香更加浓郁。同时，乳品中含有丰富的蛋白质和人体所需的氨基酸，维生素和矿物质也很丰富。而面粉中的蛋白质是一种不完全蛋白质，缺少赖氨酸、色氨酸和蛋氨酸等人体必需氨基酸。所以，在西点中添加乳品可以提高成品的营养价值。

鸡蛋

西点里加入鸡蛋不仅有增加营养的效果，还能增加西点的风味，并能利用鸡蛋中的水分参与构建西点的组织，令西点柔软美味。

烘焙专用奶粉

烘焙专用奶粉是以天然牛乳蛋白、乳糖、动物油脂混合，采用先进加工技术，通过混合均质、喷雾干燥所得，含有乳蛋白和乳糖，风味接近奶粉，可全部或部分取代奶粉。与其他原料相比，同样剂量的条件下，烘焙专用奶粉具有体积小、重量轻、耐保藏和使用方便等特点，可以使焙烤制品颜色更诱人，香味更浓厚。

绿茶粉

能使产品着色，增加香味。

即溶吉士粉

是一种混合型的佐料，呈淡黄色粉末状，具有浓郁的奶香味和果香味，由疏松剂、稳定剂、食用香精、食用色素、奶粉、淀粉和填充剂组合而成，主要作用是增香、增色、增松脆，并使制品定型，增强黏滑性。

各类坚果肉

增强产品质感和作装饰用。

除以上介绍的材料外，还有一些原材料就不一一介绍了，希望爱吃西点的读者可以灵活运用以上原料，做出美味可口的西点。

PART 1

初级入门篇

本章为你挑选的这些西点，不仅口感香酥，造型漂亮，并且制作较为容易，比较适合刚入门学烘焙的读者。只要你根据制作步骤认真学习，多加练习，就可以亲手制作出一款美味的西点啦，快来试一试吧！

蛋黄饼

材料

全蛋液、粟粉各 75 克，盐 1 克，砂糖 110 克，蛋糕油 10 克，低筋面粉 150 克，清水 45 毫升，香橙色香油适量，液态酥油 35 毫升

做法

❶ 全蛋液、盐、砂糖、蛋糕油混合，先慢后快搅拌。

❷ 拌打至蛋糊硬性发泡后，转慢速加入香橙色香油和清水。

❸ 加入低筋面粉、粟粉，拌至完全混合。

❹ 最后加入液态酥油，拌匀成蛋面糊。

❺ 面糊装入裱花袋，在耐高温纸上成形。

❻ 入炉，以160℃的炉温烘烤，烤约30分钟至金黄色熟透后，出炉冷却即可。

制作指导

蛋糕要尽量打起发，加入面粉和液态酥油时需边加入边搅拌，才可保持蛋面糊的硬度。

奶香薄饼

材料

奶油 90 克，糖粉 100 克，蛋清 70 克，低筋面粉 90 克，奶粉 40 克，奶香粉 1 克

做法

❶ 把奶油、糖粉混合，拌至奶白色。

❷ 分次加入蛋清，拌匀至无液体，再加低筋面粉、奶粉、奶香粉拌至无粉粒，拌透。

❸ 倒在已铺上胶模的高温布上面。

❹ 利用抹刀填满模孔，厚薄均匀。

❺ 取走胶模，入炉以140℃的炉温烘烤。

❻ 约烤20分钟，至完全熟透，出炉冷却即可。

制作指导

　　烘烤薄饼时要控制好炉温。可以根据实际情况，观察饼干的色泽，调低或升高温度，延长或缩短时间。注意出炉后要放凉，饼干才会变松脆。

菊花饼

材料

奶油 60 克，糖粉 50 克，液态酥油 40 毫升，清水 40 毫升，低筋面粉 170 克，吉士粉 10 克，奶香粉 2 克，草莓果酱适量

做法

❶ 把奶油、糖粉混合在一起，打至奶白色。

❷ 分次加入液态酥油、清水，搅拌均匀至无液体状。

❸ 加入低筋面粉、吉士粉、奶香粉，拌至无粉粒状，拌透。

❹ 装入已放了牙嘴的裱花袋内，挤入烤盘，大小均匀。

❺ 在饼坯中间挤上草莓果酱作为装饰。

❻ 入炉，以160℃烤约25分钟，至完全熟透，出炉冷却即可。

制作指导

　　可自由选择果酱来装饰饼干。

豪客饼干

材料

奶油 75 克，糖粉 63 克，蛋黄 40 克，低筋面粉 75 克，香草粉 1 克，蛋清 43 克，砂糖 10 克，杏仁片适量

制作指导

由于饼坯较薄，所以要控制好炉温；装饰果碎可依各人口味来选择。

做法

❶把奶油、糖粉混合，搅拌均匀。

❷然后分次加入蛋黄，完全拌匀。

❸加入低筋面粉、香草粉，拌至无粉粒，拌透备用。

❹把蛋清、砂糖倒在一起，打至呈鸡尾状。

❺把步骤4分次加入步骤3中，搅拌均匀。

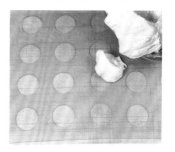

❻倒入已铺有胶模、垫了高温布的表面。

❼用抹刀把模孔填满，抹至厚薄均匀。

❽取走胶模，在饼坯表面放上杏仁片装饰。

❾入炉，以130℃的炉温烘烤，烤约20分钟，至完全熟透，出炉冷却即可。

乡村乳酪饼

材料

低筋面粉 125 克，泡打粉 5 克，盐 1.5 克，肉桂粉少许，奶油乳酪 100 克，牛奶 10 毫升，蛋黄 1 个，奶油少许

做法

❶ 先将奶油乳酪和奶油混合，拌匀。

❷ 将牛奶加入步骤1中，拌匀。

❸ 将低筋面粉、泡打粉、盐和肉桂粉加入步骤2中，拌匀成团。

❹ 将步骤3用保鲜膜包住，冷藏20分钟左右，拿出，擀开成1厘米左右厚度的面皮。

❺ 将步骤4用梅花形状模具印出。

❻ 将蛋黄拌匀，加少许牛奶打发，扫在饼皮表面。

❼ 将步骤6放入烤炉，以200℃的炉温约烤20分钟至金黄色。

❽ 将步骤7出炉冷却即可。

制作指导

　　步骤 3 中的粉类很难拌匀，要用手把干粉完全搓匀拌成团后，再包好放入冰箱冷藏。

核桃小点

材料

奶油 100 克, 砂糖 60 克, 盐 2 克, 全蛋液 30 克, 低筋面粉 150 克, 核桃仁碎 80 克

做法

❶ 把奶油、砂糖、盐倒在一起, 先慢后快打至奶白色。

❷ 分次加入全蛋液拌匀呈无液体状。

❸ 加入低筋面粉、核桃仁碎, 拌匀至无粉粒。

❹ 取出折叠, 搓成长条状。

❺ 切成均匀的若干小份。

❻ 排入烤盘, 用手轻压一下。

❼ 入炉, 以 150℃的炉温烘烤。

❽ 约烤 25 分钟, 熟透后出炉, 冷却即可。

制作指导

　　果碎选择可以因人而定, 核桃亦可与巧克力搭配。

指形点心

材料

无盐奶油 80 克, 清水、牛奶各 75 毫升, 盐 1 克, 砂糖 10 克, 低筋面粉、高筋面粉各 50 克, 全蛋液 150 克, 巧克力液、花生碎各适量

做法

❶ 将无盐奶油、清水、牛奶、盐、砂糖混合, 煮开。

❷ 将低筋面粉、高筋面粉过筛后, 加入步骤 1 中搅拌至不粘锅底, 离火。

❸ 分次加入全蛋液, 搅拌均匀。

❹ 装入裱花袋, 在高温布上挤成手指状。

❺ 放入 200℃的烤箱中烤 25 分钟左右。

❻ 烤至金黄色后, 出炉待凉。

❼ 在放凉后的指形点心表面挤上巧克力液。

❽ 再撒上烤熟的花生碎作装饰即可。

制作指导

　　中途不能打开炉门, 否则点心容易收缩。

姜饼

材料

奶油60克,红糖粉50克,盐1克,蜂蜜8毫升,鲜奶8毫升,低筋面粉120克,肉桂粉5克,姜粉6克,豆蔻粉4克

制作指导

因为饼坯色泽较深,烘烤时要特别留意着色效果。

做法

❶ 将奶油、红糖粉、蜂蜜混合,搅拌均匀。

❷ 加入鲜奶、盐,然后再搅拌至透彻。

❸ 然后加入低筋面粉、肉桂粉、姜粉、豆蔻粉,拌匀成面团。

❹ 将面团倒在案台上。

❺ 用手搓揉至纯滑状。

❻ 将面团用擀面杖压薄。

❼ 然后用切模压成饼坯。

❽ 将边料去净,把饼坯放到耐高温纸上。

❾ 入炉以140℃的炉温烘烤,约30分钟后出炉即可。

花生脆饼

材料

奶油 63 克，糖粉 45 克，盐 1 克，全蛋液 45 克，低筋面粉 80 克，奶粉 15 克，奶香粉 1 克，鲜奶 8 毫升，花生仁碎适量

做法

❶ 把奶油、盐倒在一起，先慢后快，搅打至奶白色。

❷ 分次加入糖粉、全蛋液、鲜奶，完全搅拌均匀。

❸ 加入奶粉、奶香粉、低筋面粉，完全拌匀至无粉粒状。

❹ 装入带有花嘴的裱花袋内，挤入垫有高温布的烤盘内，注意大小均匀。

❺ 在表面撒上花生碎，分布均匀。

❻ 双手拿起高温布，把多余的花生仁碎去除。

❼ 入炉以160℃烘烤。

❽ 烘烤25分钟左右，至完全熟透，出炉冷却即可。

制作指导

提起高温布把多余的花生仁去掉时，动作要快，否则饼坯易变形。

雪花牛奶塔

材料

淡奶油 75 克，鲜奶 120 毫升，清水 150 毫升，砂糖 50 克，玉米淀粉 45 克，奶粉 25 克，白奶油 20 克，椰蓉适量

做法

❶ 先将淡奶油、鲜奶、砂糖混合拌匀，加热煮开。

❷ 加入清水、奶粉、玉米淀粉，混合成面糊。

❸ 待面糊煮熟透后，加入白奶油，拌至完全融化。

❹ 稍凉后装入裱花袋，然后填入锡箔模内，装至九分满。

❺ 表面撒上椰蓉装饰后，入冰箱冷藏即可。

制作指导

在加热煮的过程中，注意控制好炉温，不要煮焦。

芝麻花生仁球

材料

蛋清 45 克，砂糖 50 克，盐 1 克，花生仁碎 65 克，黑芝麻 14 克，椰蓉 106 克

做法

❶ 把蛋清、砂糖、盐倒在一起，充分搅拌至砂糖完全溶化呈泡沫状。

❷ 加入花生仁碎、椰蓉拌匀。

❸ 加入烤香的黑芝麻拌匀。

❹ 搓成大小均匀的圆球，排在高温布上。

❺ 将高温布放在钢丝网上，入炉，以130℃的炉温烘烤。

❻ 约烤20分钟，至完全熟透后，出炉即可。

制作指导

烘烤时最好表面不要着色，加入黑芝麻不能拌太久。

夏威夷饼

材料

奶油 120 克，糖粉 100 克，盐 3 克，蛋清 30 克，低筋面粉 170 克，杏仁粉 30 克，夏威夷果碎 80 克

制作指导

　　果碎多少可自由调节，模具的形状亦可依个人喜好变换。

做法

❶ 把奶油、糖粉、盐混合，搅拌均匀。

❷ 然后分次加入蛋清，充分拌匀。

❸ 加入低筋面粉、杏仁粉，拌至无粉粒状。

❹ 取出，放在案台上搓成纯滑面团。

❺ 用擀面杖擀成厚薄均匀的面片。

❻ 在表面撒上夏威夷果碎，再轻压擀一下。

❼ 然后用自己喜欢的模具压出形状。

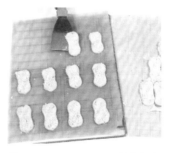

❽ 用铲刀铲起，摆到铺有高温布的钢丝网上。

❾ 入炉，以140℃的炉温烘烤，烤约30分钟，至完全熟透，出炉冷却即可。

淑女饼

材料

饼皮：

奶油 110 克，糖粉 120 克，杏仁粉 40 克，蛋清 85 克，低筋面粉 200 克，奶粉 20 克

馅：

杏仁片 45 克，清水 15 毫升，砂糖 30 克，葡萄糖浆 30 毫升

做法

①把奶油、糖粉混合，打至奶白色。

②分次加入蛋清，搅拌均匀。

③加入低筋面粉、奶粉、杏仁粉，拌至无粉粒状，拌透。

④然后装入平口花嘴的裱花袋内，在高温布上挤圈，保持大小均匀。

⑤把馅部分的清水、砂糖、葡萄糖浆倒在一起，在电磁炉上边加热边搅拌，至混合均匀、砂糖溶化。

⑥加入杏仁片，完全拌匀。

⑦用勺子将馅料放入步骤4内，每一勺的分量要均匀，入炉，以160℃的炉温烤约25分钟，至完全熟透，出炉冷却即可。

制作指导

馅料不需煮太久；果碎的品种亦可因个人口味来选择。

椰蓉酥

材料

奶油88克，砂糖85克，泡打粉2克，臭粉1克，全蛋液15克，低筋面粉90克，椰蓉80克

做法

❶ 奶油、砂糖、泡打粉、臭粉混合，拌匀。

❷ 分次加入全蛋液，拌匀。

❸ 加入低筋面粉、椰蓉拌成团，拌透。

❹ 取出，堆叠搓成长条状。

❺ 分切成均匀的小份。

❻ 摆入烤盘，用手轻压一下，使之呈圆形，在常温下静置30分钟以上。

❼ 入炉，以150℃的炉温烘烤。

❽ 烤约25分钟，至熟透，出炉冷却即可。

制作指导

　　饼坯制作完成后，饼坯之间要留一定的空间，以免烘烤过程中粘连在一起。

樱桃曲奇

材料

奶油138克，糖粉100克，盐2克，全蛋液100克，低筋面粉150克，高筋面粉125克，吉士粉13克，奶香粉1克，红樱桃适量

做法

❶ 把奶油、糖粉、盐倒在一起，先慢后快，打至奶白色。

❷ 分次加入全蛋液，完全拌匀。

❸ 加入吉士粉、奶香粉、低筋面粉、高筋面粉，完全拌匀至无粉粒状。

❹ 装入带有花嘴的裱花袋，再挤入烤盘内。

❺ 放上切成粒状的红樱桃。

❻ 入炉，以160℃的炉温烘烤，约烤25分钟，至完全熟透，出炉冷却即可。

制作指导

　　樱桃作装饰时要稍加压紧，烤熟后才不易脱落。

芝麻奶酥

材料

奶油 100 克，糖粉 50 克，全蛋液 30 克，低筋面粉 160 克，黑芝麻、白芝麻各 25 克

制作指导

　　黑芝麻最好用手按压到面团里，这样黑芝麻不易脱色。

做法

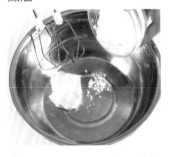

❶ 将奶油、糖粉混合，搅拌均匀。

❷ 分次加入全蛋液，搅拌至完全透彻。

❸ 然后加入低筋面粉，拌匀成面团。

❹ 将面团倒在案台上，然后加入黑芝麻、白芝麻。

❺ 用手堆叠成芝麻面团。

❻ 将面团用擀面杖压薄。

❼ 用菱形切模压成饼坯。

❽ 将边料取开，把饼坯排放于耐高温纸上。

❾ 入炉以150℃的炉温烘烤，约30分钟烤至浅金黄色熟透后，出炉冷却即可。

椰味葡萄酥

材料

奶油 150 克，砂糖 100 克，小苏打 2 克，泡打粉 3 克，臭粉 2 克，全蛋液 30 克，椰蓉 80 克，低筋面粉 120 克，椰香粉 3 克，葡萄干 70 克

做法

❶ 把奶油、砂糖、小苏打、泡打粉、臭粉混合，完全拌匀。

❷ 分次加入全蛋液，拌透。

❸ 加入椰蓉、低筋面粉、椰香粉、葡萄干，拌匀至无干粉状。

❹ 取出放在案台上，用手搓成光滑的面团。

❺ 搓成长条状，分切成均匀的小份。

❻ 排入烤盘，用手轻压一下。

❼ 静置30分钟之后，入炉，以150℃的炉温烘烤。

❽ 烘烤25分钟左右，至完全熟透，出炉冷却即可。

制作指导

　　葡萄干洗干净后，加少许果酒浸泡，风味更浓。

燕麦核桃饼

材料

奶油 120 克，红糖 150 克，小苏打 3 克，泡打粉 3 克，全蛋液 75 克，鲜奶 30 毫升，低筋面粉 200 克，核桃仁碎、燕麦片各 100 克

做法

①奶油、红糖、小苏打、泡打粉混合拌匀。

②分次加入全蛋液、鲜奶，拌至无液体状。

③再加入低筋面粉、核桃仁碎、燕麦片，完全拌匀。

④取出放在案台上，折叠搓成长条。

⑤切成小份，摆入烤盘。

⑥用手轻压扁。

⑦入炉，以150℃的炉温烘烤。

⑧烤约25分钟，至完全熟透，出炉冷却。

制作指导

用砂糖还是红糖可自由选择，亦可预留一些燕麦片作表面装饰。

香芋奶油饼

材料

熟香芋肉 125 克，奶油 75 克，糖粉 112 克，全蛋液 50 克，低筋面粉 125 克，奶香粉 1 克，鲜奶 50 毫升，瓜子仁适量

做法

①把熟香芋肉与奶油、糖粉混合压烂，搅拌均匀。

②分次加入部分全蛋液、鲜奶，拌透。

③分次加入剩余全蛋液，搅拌均匀。

④加入低筋面粉、奶香粉，完全拌匀至无粉粒状。

⑤装入套有牙嘴的裱花袋，在高温布上挤成点状。

⑥移至钢丝网上，入炉，以160℃的炉温烘烤约25分钟，至完全熟透，出炉冷却即可。

制作指导

选择的香芋要粉，才易打烂、拌匀。

咖啡奶酥

材料

奶油 100 克，糖 50 克，全蛋液 30 克，低筋面粉 160 克，咖啡粉 8 克，夏威夷果碎 70 克

制作指导

　　果碎可自由选择，咖啡粉亦可按个人口味适量添加。

做法

❶ 将奶油、糖混合，拌匀。

❷ 加入咖啡粉拌均匀后，再分次加入全蛋液，拌匀。

❸ 然后加入低筋面粉、夏威夷果碎，搅拌均匀。

❹ 将拌好的面团倒在案台上，用手堆叠均匀。

❺ 用擀面杖压薄。

❻ 然后用切模压成饼坯。

❼ 将边料取走。

❽ 将饼坯移到耐高温纸上，并依次排好。

❾ 入炉以150℃的温度烘烤，约30分钟呈浅金黄色后熟透，出炉即可。

香葱曲奇

材料

奶油 65 克，糖粉 50 克，液态酥油 45 毫升，清水 45 毫升，盐 3 克，鸡精 2.5 克，葱花 3 克，低筋面粉 175 克

做法

❶ 把奶油、糖粉、盐倒在一起，先慢后快，打至奶白色。

❷ 加入液态酥油、清水，搅拌至无液体状。

❸ 加入鸡精、葱花拌匀。

❹ 加入低筋面粉，拌至无粉粒状。

❺ 然后装入已放了牙嘴的裱花袋内，挤入烤盘，大小要均匀。

❻ 入炉，以160℃的炉温烘烤约25分钟，至完全熟透，出炉冷却即可。

制作指导

　　葱花要尽量切细些，最好用脱水干葱，烘烤时才不会变色；用裱花袋挤面糊时，也可以根据个人的喜好做成其他的形状。

陈皮饼干

材料

奶油 100 克，糖粉 50 克，鲜奶 30 毫升，低筋面粉 150 克，奶粉 20 克，九制陈皮 20 克

做法

❶ 把奶油、糖粉混合，打至奶白色，分次加入鲜奶拌匀。

❷ 加入低筋面粉、奶粉、陈皮碎，完全拌匀至无粉粒状。

❸ 取出搓成条状。

❹ 压扁，擀成长方形的薄面片。

❺ 用个人喜欢的印模压出形状。

❻ 排入垫有高温布的钢丝网上。

❼ 入炉，以150℃的炉温烘烤约25分钟。

❽ 烤至完全熟透，出炉冷却即可。

制作指导

　　陈皮要选择即食的品种，否则风味不佳。

薰衣草饼

材料

奶油 100 克，糖粉 50 克，鲜奶 30 毫升，低筋面粉 150 克，薰衣草粉 3 克

做法

❶ 把奶油、糖粉混合，拌匀成奶白色。

❷ 分次加入鲜奶，拌透。

❸ 加入低筋面粉、薰衣草粉，完全拌匀。

❹ 取出，堆叠揉成纯滑的面团。

❺ 擀成厚薄均匀的面片。

❻ 用个人喜欢的印模压出形状。

❼ 排在垫有高温布的钢丝网上。

❽ 入炉，以150℃的炉温烤约25分钟，至完全熟透后，出炉冷却即可。

制作指导

　　可选择不同印模压出多种形状。

乌梅饼干

材料

奶油120克，糖粉90克，全蛋液25克，低筋面粉175克，杏仁粉35克，盐2克，乌梅碎85克

做法

❶ 把奶油、糖粉、盐混合后拌匀，然后打至奶白色。

❷ 分次加入全蛋液，拌透。

❸ 加入低筋面粉、杏仁粉、乌梅碎，完全拌匀至无粉粒状。

❹ 取出放在案台上，搓揉成光滑的面团。

❺ 擀成厚薄均匀的面片。

❻ 用个人喜欢的印模压出形状。

❼ 摆在垫有高温布的钢丝网上，入炉，以160℃的炉温烘烤。

❽ 烘烤约25分钟，至完全熟透后，出炉冷却即可。

制作指导

　　乌梅的味道微酸，用量可依个人喜好自由调节，也可以用葡萄干碎代替乌梅。

香菜饼干

材料

奶油 62 克，糖粉 40 克，盐 1 克，色拉油 40 毫升，清水 40 毫升，低筋面粉 175 克，香菜碎 25 克

做法

❶ 把奶油、糖粉、盐混合，先慢后快，打至奶白色。

❷ 分次加入色拉油、清水，拌透。

❸ 加低筋面粉、香菜碎，拌匀至无粉粒状。

❹ 装入套有花嘴的裱花袋内，然后挤在高温布上。

❺ 移至钢丝网上，入炉，然后以160℃的炉温烘烤。

❻ 约烘烤25分钟，至完全熟透，出炉后冷却即可。

制作指导

香菜用量可依个人口味自由增减。

黑米冰花饼

材料

奶油 125 克，糖浆 110 毫升，全蛋液 50 克，低筋面粉 170 克，黑米粉 50 克，泡打粉 3 克，砂糖适量

做法

❶ 把奶油、糖浆混合拌匀。

❷ 分次加入全蛋液，拌至完全透彻。

❸ 再将低筋面粉、黑米粉、泡打粉加入，搅拌成面团。

❹ 将面团用手搓成圆球状，然后粘上砂糖成饼坯。

❺ 将饼坯放于耐高温纸上压扁。

❻ 入炉以150℃的炉温烘烤，约烤30分钟，至完全熟透，出炉冷却即可。

制作指导

黑米必须打磨成粉状，否则不易烘熟。

香杏脆饼

材料

饼坯：

奶油 125 克，糖粉 125 克，全蛋液 45 克，中筋面粉 250 克，奶香粉 3 克

馅：

砂糖 63 克，葡萄糖浆 25 毫升，鲜奶油 50 克，杏仁片 100 克

制作指导

　　饼坯完成后扎孔，可以防止加热后底部有气孔。也可将杏仁片换成其他干果，自己发挥创意，会有意想不到的效果。刚出炉的饼干要放凉后才会变脆。

做法

❶ 将奶油、糖粉混合拌匀。

❷ 然后分次加入全蛋液，拌至完全均匀。

❸ 加入中筋面粉、奶香粉，拌匀成面团。

❹ 将面团倒在案台上，用手搓揉。

❺ 用擀面杖将面团压薄，然后用切模切成饼坯。

❻ 将边料取开，即可成形。

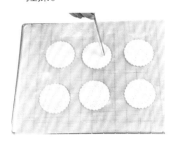

❼ 将饼坯排开，用竹签扎孔后备用。

❽ 将馅料中的砂糖、葡萄糖浆与鲜奶油加热。

❾ 煮开后，加入杏仁片拌匀。

❿ 待稍凉，将馅铺于饼坯表面即可。

⓫ 入炉以150℃的炉温烘烤。

⓬ 烤约30分钟至呈浅金黄色后，出炉冷却即可。

巧克力夹心饼

材料

奶油 63 克，糖粉 50 克，液态酥油 45 毫升，清水 45 毫升，低筋面粉 175 克，可可粉 15 克，巧克力酱适量

做法

① 将奶油、糖粉混合，拌均匀。

② 分次加入液态酥油、清水，搅拌透彻。

③ 加入低筋面粉、可可粉，拌匀成面团。

④ 将面团装入裱花袋，挤在耐高温纸上。

⑤ 入炉以150℃的炉温烘烤。

⑥ 烤约30分钟，至熟透后出炉。

⑦ 饼干晾凉后，在底部挤上巧克力酱。

⑧ 再用另一块饼干夹起来，做成巧克力夹心饼干。

制作指导

　　巧克力酱可选购现成的，也可自己制作。制作时将块状巧克力直接放入锅中，隔水加热至融化，切忌将锅直接放在火上加热，否则容易焦糊。

杏仁薄饼

材料

蛋清 125 克，砂糖 90 克，盐 1 克，低筋面粉 50 克，杏仁片 125 克，奶油 35 克

做法

1. 把蛋清、砂糖、盐倒在一起，以中速打至砂糖完全溶化。
2. 加入低筋面粉、杏仁片，拌至无粉粒状。
3. 加入融化的奶油，完全拌匀。
4. 再用勺子将面团舀到高温布上面，大小要均匀。
5. 入炉以140℃的炉温烘烤。
6. 烘烤约20分钟，至完全熟透，出炉后冷却即可。

制作指导

饼坯的形状可以不规则，但烘烤时必须控制好炉温。

巧克力曲奇饼

材料

奶油 185 克，糖粉 100 克，盐 2 克，全蛋液 100 克，高筋面粉 115 克，低筋面粉 140 克，可可粉 13 克，可可豆适量

做法

1. 把奶油、糖粉、盐倒在一起，先慢后快，打至奶白色。
2. 分次加入全蛋液，搅拌均匀至无液体状。
3. 加入高筋面粉、低筋面粉、可可粉、可可豆，完全拌匀。
4. 装入已带有牙嘴的裱花袋，在高温布上挤成长条状，长短要均匀。
5. 入炉，以160℃的炉温烘烤。
6. 烤约20分钟，至完全熟透，出炉冷却即可。

制作指导

选用可可豆或巧克力碎可自由决定，但颗粒不能太大。

南瓜塔

材料

塔皮：

奶油 225 克，糖浆 165 毫升，蛋黄 5 个，低筋面粉 555 克，奶香粉 6 克，吉士粉 30 克，柠檬皮少量

馅：

熟南瓜泥 250 克，鲜奶 150 毫升，鲜奶油 120 克，砂糖 60 克，全蛋液 70 克，肉桂粉 3 克，豆蔻粉 3 克，朗姆酒 20 毫升，柠檬皮少许

制作指导

烘烤时要低温慢烤，馅料过筛后会更细滑，过筛时要选用细网的筛子，效果更好。南瓜用水煮或用锅蒸熟后，直接用刀面压，就可成南瓜泥，蒸的南瓜比煮的南瓜糖分保留要多。

做法

❶ 将塔皮部分的奶油、糖浆混合，拌匀。

❷ 分次加入蛋黄，拌透。

❸ 加入低筋面粉、奶香粉、吉士粉和柠檬皮，拌匀成面团。

❹ 将面团倒在案台上，用手堆叠成纯滑面团。

❺ 用擀面杖将面团擀薄。

❻ 用切模切成塔皮。

❼ 将塔皮捏入塔模内，备用。

❽ 将馅部分的所有材料充分混合，拌成糊状。

❾ 然后过筛。

❿ 将过筛后的馅糊填入塔模内，装至九分满。

⓫ 入炉以150℃的炉温烘烤。

⓬ 烤约30分钟，至完全熟透后，出炉冷却即可。

可可薄饼

材料

奶油95克，糖粉80克，盐2克，蛋清70克，低筋面粉100克，奶粉60克，可可粉12克，杏仁片少许

做法

1. 把奶油、糖粉、盐倒在一起，先慢后快，打至奶白色。
2. 分次加入蛋清，拌匀至无液体状。
3. 加低筋面粉、奶粉、可可粉，拌匀拌透。
4. 倒在铺了胶模、垫有高温布的表面。
5. 用抹刀填满模孔，厚薄要均匀。
6. 取走胶模，在表面放上杏仁片装饰。
7. 入炉，以130℃的炉温烘烤。
8. 约烤20分钟，至完全熟透，出炉冷却即可。

制作指导

可可粉用量可因个人喜好而调节，装饰果碎也可自由选择。刚出炉的饼干要等彻底放凉了，才会变脆。

腰果粒饼干

材料

奶油 63 克，砂糖 50 克，全蛋液 25 克，低筋面粉 100 克，杏仁粉 10 克，奶粉 10 克，腰果粒 50 克

做法

1. 把奶油、砂糖倒在一起，混合拌匀。
2. 分次加入全蛋液，拌匀。
3. 加入低筋面粉、杏仁粉、奶粉、腰果粒，完全拌匀，倒在案台上，搓成面团。
4. 用擀面杖将面团擀成厚薄均匀的面片。
5. 用心形模具压出形状。
6. 摆入垫有高温布的钢丝网上，入炉，以 160℃ 的炉温烘烤约 20 分钟至熟，出炉冷却即可。

制作指导

　　果碎多少可依个人喜好调节，亦可用较大果碎在表面作装饰。

S 曲奇饼干

材料

奶油 180 克，糖粉 120 克，盐 2 克，全蛋液 90 克，低筋面粉 180 克，高筋面粉 110 克，奶粉 30 克，奶香粉 3 克

做法

1. 把奶油、糖粉、盐混合，先慢后快，打至奶白色。
2. 分次加入全蛋液，拌匀至无液体状。
3. 加入高筋面粉、低筋面粉、奶粉、奶香粉，拌至无粉粒状。
4. 装入已放了牙嘴的裱花袋，挤入烤盘内，大小要均匀。
5. 入炉，以 160℃ 的炉温烘烤。
6. 约烤 25 分钟至熟透，出炉冷却即可。

制作指导

　　成形时饼坯厚薄大小要尽量一致，烘烤时着色才均匀。

奶油红薯

材料

红薯 250 克，奶油 25 克，砂糖 20 克，蜂蜜 7 毫升，朗姆酒 7 毫升，鲜奶 20 毫升，蛋黄液 30 克

制作指导

红薯条的大小要均匀（每条约 120 克），烘烤熟后要马上将锡箔纸打开，散走水蒸气。

做法

❶ 红薯洗净，对边切开。

❷ 用锡箔纸包起。

❸ 入炉以170℃的炉温烘烤。

❹ 烘烤约40分钟，至熟透后出炉。

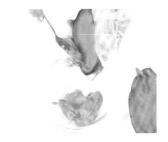

❺ 放凉后取出红薯肉，保持皮壳完整。

❻ 熟红薯肉与奶油、砂糖、蜂蜜混合，拌成泥糊状。

❼ 然后加入鲜奶拌匀。

❽ 最后加入朗姆酒，拌透成奶油红薯馅。

❾ 将馅料重新填回皮壳内。

❿ 表面刷上蛋黄液。

⓫ 入炉以170℃的炉温烘烤。

⓬ 烤约20分钟至呈金黄色后，取出冷却即可。

红糖酥饼

材料

奶油 60 克，红糖粉 75 克，鲜奶 15 毫升，泡打粉 3 克，臭粉 1 克，奶粉 15 克，低筋面粉 115 克，提子干 25 克，燕麦片少许

做法

❶ 把奶油、红糖粉倒在一起，先慢后快，完全拌匀。

❷ 加入鲜奶，完全拌匀。

❸ 加入泡打粉、臭粉、奶粉、低筋面粉、提子干，完全拌匀至无干粉粒状。

❹ 取出放在案台上，用手搓匀。

❺ 搓成长条状，分切成大小均匀的小份。

❻ 黏上燕麦片，摆入烤盘，用手轻压一下，常温静置30分钟。

❼ 入炉以150℃的炉温烘烤。

❽ 烤约30分钟至完全熟透，出炉冷却即可。

制作指导

　　制作前，红糖粉最好过一过筛，这样糖粉会更加细腻，做出来的饼干口感会更好。

意式巧克力饼

材料

奶油75克，砂糖30克，盐1克，全蛋液40克，低筋面粉90克，杏仁粉15克，可可粉7克，巧克力豆25克，夏威夷果适量

做法

❶ 把奶油、砂糖、盐倒在一起，然后打至奶白色。

❷ 分次加入全蛋液，拌匀。

❸ 加入低筋面粉、杏仁粉、可可粉、巧克力豆，完全拌匀至无干粉状。

❹ 装入套有牙嘴的裱花袋内，挤入烤盘。

❺ 在表面放上夏威夷果作装饰。

❻ 入炉，以160℃的炉温烘烤约25分钟，至完全熟透后，出炉冷却即可。

制作指导

　装饰干果可自由选择。

椰蓉圈

材料

奶油125克，糖粉85克，盐2克，全蛋液90克，低筋面粉160克，奶粉40克，椰蓉适量

做法

❶ 把奶油、糖粉、盐倒在一起，先慢后快，打至奶白色。

❷ 分次加入全蛋液，完全拌均匀，再加入低筋面粉、奶粉，拌至无粉粒状，拌透。

❸ 装入已放有平口花嘴的裱花袋内，挤在铺有高温布的钢丝网上，大小要均匀。

❹ 在表面撒上椰蓉装饰，多余的倒掉。

❺ 入炉，以150℃的炉温烘烤。

❻ 烤约20分钟至熟透，出炉冷却即可。

制作指导

　椰蓉易着色，需要掌控好炉温。可根据实际制作的饼坯厚度，调节温度。

十字饼

材料

奶油 50 克，糖浆 100 毫升，泡打粉 6 克，臭粉 2 克，全蛋液 50 克，鲜奶 50 毫升，低筋面粉 150 克，吉士粉 10 克，蛋黄液适量

制作指导

压十字形时，若是粘刮板，可在刮板上粘少许干粉来避免。

做法

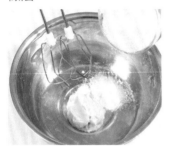

❶ 把奶油、糖浆、泡打粉、臭粉混合，完全拌匀。

❷ 然后分次加全蛋液、鲜奶，拌透。

❸ 加入低筋面粉、吉士粉，拌匀至无干粉状。

❹ 取出，加少许干粉，搓揉成面团。

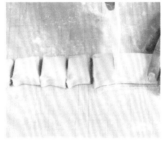

❺ 搓成长条状，然后分切成小份。

❻ 搓成圆形。

❼ 排入烤盘，用刮板压出十字形。

❽ 静置30分钟以上，扫上蛋黄液。

❾ 入炉，以150℃的炉温烘烤，约烤20分钟，至完全熟透，出炉冷却即可。

蔬菜饼

材料

白奶油 100 克，糖粉 50 克，盐 2 克，鲜奶 30 毫升，低筋面粉 150 克，粟粉 20 克，蔬菜叶（切丝）30 克

做法

❶ 把白奶油、糖粉、盐倒在一起，混合搅拌均匀。

❷ 分次加入鲜奶，拌匀。

❸ 加低筋面粉、粟粉、蔬菜丝，完全拌匀。

❹ 取出放在案台上，用手搓匀成纯滑面团。

❺ 擀成厚薄均匀的面片。

❻ 用个人喜欢的模具压出形状。

❼ 再利用铲刀将饼移到铺有高温布的钢丝网上面。

❽ 入炉，以160℃的炉温烘烤，烤约20分钟，至完全熟透，出炉冷却即可。

制作指导

选择蔬菜可按时令选用，若是在压形状时，有菜丝粘连，可把菜叶切碎。注意掌控好炉温，不要着太深颜色。

芝麻娣茹

材料
全蛋液 95 克，砂糖 95 克，低筋面粉 45 克，白芝麻 100 克

做法
1 把全蛋液、砂糖倒在一起，先慢后快，打发至原体积的2倍。
2 加入低筋面粉拌匀，至无粉粒状。
3 加入白芝麻，完全拌匀。
4 装入裱花袋，然后挤在垫有高温布的钢丝网上。
5 入炉以150℃的炉温烘烤。
6 烤约20分钟至完全熟透，出炉冷却即可。

制作指导
　　蛋糕必须充分打发，烘烤时要用小火，成品才能熟透且好看。

椰蓉球

材料
奶油 50 克，糖粉 120 克，蛋黄 40 克，鲜奶 20 毫升，奶粉 20 克，椰蓉 140 克

做法
1 把奶油、糖粉混合，拌匀。
2 分次加入蛋黄、鲜奶，拌匀。
3 加入奶粉、椰蓉，搅拌均匀至透。
4 搓成大小相同的小圆球，排于铺有高温布的钢丝网上。
5 入炉以130℃的炉温烘烤。
6 烤约20分钟，至完全熟透后，出炉冷却即可。

制作指导
　　在制作过程中，所有材料必须完全拌透。饼坯完成后，需要稍静置再烤。

罗曼斯饼

材料

饼坯：

奶油、糖粉各125克，咖啡粉8克，温水8毫升，全蛋液60克，低筋面粉180克，奶粉20克

馅：

砂糖40克，葡萄糖浆38毫升，清水15毫升，松子仁45克，奶油25克

制作指导

　　内馅煮制不宜太久，稍微煮开，拌至所有材料完全混合即可，以免糊锅。出锅待冷却后，再放入挤好的饼干圈里。

做法

❶把奶油、糖粉混合，拌至奶白色。

❷分次加入全蛋液，完全拌匀至无液体状。

❸咖啡粉、温水混合拌匀，加入步骤2中完全拌匀。

❹加入低筋面粉、奶粉，拌匀至无粉粒状。

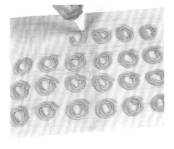

❺装入放有花嘴的裱花袋，挤在高温布上，大小要均匀，备用。

❻把馅部分的砂糖、葡萄糖浆、清水倒在一起，边加热边拌至砂糖完全溶化。

❼加入松子仁拌匀，加奶油拌至融化。

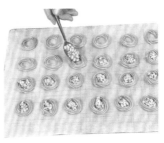

❽用勺子舀到备好的步骤5内，适量即可。

❾入炉，以140℃的炉温烘烤，烤至熟，出炉即可。

绿茶薄饼

材料

奶油 95 克，糖粉 70 克，盐 1 克，蛋清 70 克，低筋面粉 100 克，奶粉 60 克，绿茶粉 8 克，松子仁少许

做法

❶ 把奶油、糖粉、盐混合，先慢后快，打至奶白色。

❷ 分次加入蛋清，拌至无液体状。

❸ 加入低筋面粉、奶粉、绿茶粉，完全拌匀至无粉粒状。

❹ 倒在铺有胶模的高温布上。

❺ 用抹刀均匀地填入模孔内。

❻ 取走胶模，在表面撒上松子仁装饰。

❼ 入炉，以130℃的炉温烘烤。

❽ 烤约20分钟至完全熟透，出炉冷却即可。

制作指导

　　可装饰不同风味的干果以调节口感；烘烤时要掌控好炉温，不要着色。

核桃巧克力饼

材料

奶油 63 克，砂糖 50 克，全蛋液 25 克，低筋面粉 100 克，杏仁碎 10 克，奶粉 10 克，核桃仁碎 50 克，可可粉 12 克

做法

1. 奶油、砂糖混合，完全拌匀至呈奶白色。
2. 分次加入全蛋液，拌透。
3. 加入低筋面粉、杏仁碎、奶粉、核桃仁碎、可可粉，完全拌匀。
4. 取出放在案台上，用手揉搓至光滑状。
5. 擀成厚薄均匀的面片。
6. 用个人喜欢的印模压出形状。
7. 摆在垫有高温布的钢丝网上，以160℃的炉温烘烤，约烤30分钟至熟，出炉冷却即可。

制作指导

巧克力颜色较深，注意烘烤过程中不要烤焦，否则会变成黑色。

红糖葡萄酥

材料

奶油 63 克，红糖粉 63 克，泡打粉 2 克，全蛋液 25 克，低筋面粉 80 克，高筋面粉 30 克，葡萄干 40 克，核桃仁碎 15 克

做法

1. 奶油、红糖粉、泡打粉混合，完全拌匀。
2. 分次加入全蛋液，搅拌均匀。
3. 加入低筋面粉、高筋面粉、葡萄干、核桃仁碎，先慢后快，拌至无粉粒状，拌透。
4. 取出堆叠搓成长条状。
5. 分切成小份，用手压扁，摆入烤盘。
6. 入炉，以150℃的炉温烤约25分钟，至完全熟透，出炉冷却即可。

制作指导

红糖粉与砂糖可自由选择，果碎多少和种类亦可自由调节。

无花果奶酥

材料

奶油 125 克，糖粉 100 克，全蛋液 30 克，鲜奶 20 毫升，低筋面粉 170 克，杏仁粉 20 克，无花果适量

制作指导

　　也可在制作前把无花果用少许水浸泡，尽量切碎一些，以免造型不美观。

做法

❶ 把奶油、糖粉混合，先慢后快，打至奶白色。

❷ 然后分次加入全蛋液、鲜奶，拌透。

❸ 加入低筋面粉、杏仁粉，拌至无粉粒状。

❹ 加入切碎的无花果拌匀。

❺ 取出放在案台上，用手搓成长条状。

❻ 擀成均匀的面片，再用个人喜欢的印模压出形状。

❼ 然后移至铺有高温布的钢丝网上。

❽ 表面扎孔，入炉，以160℃的炉温烘烤。

❾ 约烤25分钟，至完全熟透，出炉冷却即可。

冰花酥

材料

白奶油63克，砂糖85克，小苏打1克，泡打粉2克，臭粉1克，蛋清30克，低筋面粉125克

做法

① 把白奶油、部分砂糖、小苏打、泡打粉、臭粉混合，拌匀。

② 分次加入蛋清，拌匀。

③ 加入低筋面粉，拌匀至无粉粒状。

④ 取出放在案台上，搓揉成光滑面团。

⑤ 搓成长条状，分切成大小均匀的小份。

⑥ 搓圆、压扁，在中间压孔。

⑦ 表面粘上砂糖粒，排入烤盘，静置30分钟以上。

⑧ 入炉，以150℃的炉温烘烤，约烤30分钟，至完全熟透，出炉冷却即可。

制作指导

砂糖若是不粘饼坯，可在饼坯表面扫少许清水，再粘砂糖。

金手指

材料

奶油 170 克，糖粉 110 克，盐 3 克，全蛋液 65 克，低筋面粉 170 克，高筋面粉 70 克，吉士粉 15 克

做法

❶ 奶油、糖粉、盐倒在一起，先慢后快，打至奶白色。

❷ 分次加入全蛋液，拌匀呈无液体状。

❸ 加入低筋面粉、高筋面粉、吉士粉，拌至无粉粒状。

❹ 装入已装了圆嘴的裱花袋内，挤入烤盘。

❺ 入炉以150℃的炉温烘烤。

❻ 烤约25分钟，完全熟透后出炉，冷却脱模即可。

制作指导

挤在烤盘内时，手的力度要均匀，不要停顿，以免有结口。

香杏小点

材料

奶油 80 克，糖粉 75 克，全蛋液 38 克，低筋面粉 145 克，可可粉 18 克，杏仁片 75 克

做法

❶ 把奶油、糖粉倒在一起，先慢后快，打至奶白色。

❷ 分次加入全蛋液，拌匀。

❸ 加入低筋面粉、可可粉，拌至无粉粒状。

❹ 加入杏仁片，搅拌均匀。

❺ 用汤勺挖成大小均匀的团，放到备好的高温布上。

❻ 入炉，以150℃的炉温烤约25分钟，完全熟透后出炉，冷却脱模即可。

制作指导

杏仁片可用其他坚果代替。

玫瑰奶酥

材料

奶油 80 克，低筋面粉 115 克，糖粉 67 克，盐 1 克，蛋清 20 克，杏仁粉 20 克，玫瑰花粉 15 克

制作指导

花蕾在磨粉前最好先入炉烤一会儿，这样更易于打磨。

做法

❶ 将奶油、糖粉、盐混合，搅拌均匀。

❷ 加蛋清，拌至完全透彻。

❸ 加入低筋面粉、杏仁粉、玫瑰花粉，拌匀成面团。

❹ 将面团倒在案台上，再用手搓成光滑面团。

❺ 用擀面杖将面团压薄。

❻ 再用个人喜欢的切模压成饼坯。

❼ 将边料取开。

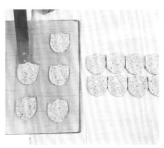

❽ 把饼坯排于耐高温纸上。

❾ 入炉以150℃的炉温烘烤，烤约30分钟至熟透后，出炉冷却即可。

桃酥王

材料

奶油 75 克，砂糖 53 克，盐 1 克，小苏打 1 克，全蛋液 10 克，低筋面粉 85 克，蛋糕碎 50 克，核桃仁碎 40 克，蛋黄液适量

做法

❶ 把奶油、砂糖、盐倒在一起，先慢后快，完全搅拌均匀。

❷ 分次加入全蛋液，搅拌均匀。

❸ 加入小苏打、低筋面粉、蛋糕碎、核桃仁碎，搅拌均匀。

❹ 取出放在案台上，用手堆叠成纯滑面团，再搓成长条状。

❺ 分切成小份，搓圆。

❻ 放入已过了筛的纯蛋黄液内，用夹子夹起沥掉多余的蛋液，放到铺有高温布的钢丝网上。

❼ 入炉，以150℃的炉温烘烤。

❽ 烤约30分钟，至完全熟透，出炉冷却。

制作指导

　　果碎多少可自行调节，如不用蛋黄液浸泡的方式，亦可用扫蛋黄液的方式。

杏仁达克

材料

蛋清180克，砂糖60克，盐2克，杏仁粉75克，低筋面粉35克，液态酥油15毫升，杏仁碎适量

做法

① 将蛋清、砂糖、盐混合，先慢后快搅匀。

② 拌至硬性发泡后，加入杏仁粉、低筋面粉，用慢速拌匀。

③ 然后加入液态酥油，拌至完全混合。

④ 将面糊装入裱花袋，在高温纸上挤成形。

⑤ 表面撒上杏仁碎。

⑥ 提起耐高温纸，把多余的杏仁碎倒掉。

⑦ 入炉，以120℃的温度烘烤，烤约25分钟至浅金黄色熟透后，出炉冷却即可。

制作指导

　　挤面糊时，手的力度要均匀，不要停顿，以免有结口，可以自己发挥想象设计形状。

咖啡椰蓉条

材料

奶油90克，糖粉100克，咖啡粉4克，清水4毫升，蛋清70克，低筋面粉90克，椰蓉90克

做法

① 将奶油、糖粉混合，打至奶白色。

② 分次加入蛋清，搅拌均匀。

③ 咖啡粉、清水拌匀，加入步骤2中拌匀。

④ 加入低筋面粉、椰蓉，搅拌均匀。

⑤ 倒在已铺好高温布的胶模表面。

⑥ 用抹刀填入长方形胶模内，抹均匀，把表面多余的面糊抹去。

⑦ 取走胶模，把高温布移到钢丝网上。

⑧ 入炉，以140℃的炉温烘烤，烤约20分钟至完全熟透，出炉，冷却脱模即可。

制作指导

　　椰蓉较易着色，要控制好炉温。

绿茶瓜子酥

材料

奶油63克，砂糖75克，臭粉1.5克，泡打粉2克，全蛋液30克，低筋面粉100克，瓜子仁粉18克，绿茶粉8克，瓜子仁适量，清水少许

制作指导

绿茶粉用量可以根据个人喜好增加，但不可过量，否则会增加饼干的苦涩味；饼坯可以粘上各种不同的果碎装饰，扫清水时，也可以用蜂蜜代替，饼干味道会更加香甜。

做法

❶ 把奶油、砂糖、臭粉、泡打粉混合，拌透。

❷ 分次加入全蛋液，拌透。

❸ 加低筋面粉、瓜子仁粉、绿茶粉，完全拌匀至无粉粒状。

❹ 取出放在案台上，用手堆叠成光滑的面团。

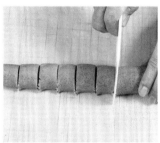

❺ 并搓成长条状，再分切成均匀的小份。

❻ 搓圆，在中间压一下洞。

❼ 在表面扫上清水。

❽ 粘上瓜子仁，摆入烤盘静置30分钟以上。

❾ 入炉以150℃的温度烘烤，约烤30分钟，完全熟透后，出炉冷却即可。

车轮酥

材料

奶油 160 克，糖粉 80 克，全蛋液 50 克，低筋面粉 220 克，可可粉 15 克，清水少许

制作指导

面片卷起时必须卷紧，避免切过的饼坯中间有空隙，否则烤出来的造型会不美观。

做法

① 把奶油、糖粉混合，打至奶白色。

② 分次加入全蛋液，拌透。

③ 然后加入低筋面粉，拌匀至无干粉。

④ 取出放在案台上，用手堆叠成光滑的面团。

⑤ 把面团分切成2份，在其中一份中加入可可粉，混合均匀。

⑥ 分别擀成同样大小、厚薄的面片。

⑦ 然后在原色面片上扫上少许清水。

⑧ 盖上调色面片，在表面扫少许清水。

⑨ 卷成卷状，移至托盘内，放入冰箱冷冻至硬。

⑩ 取出后，切成厚薄均匀的饼坯。

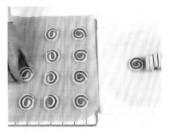

⑪ 然后排在垫有高温布的钢丝网上。

⑫ 入炉，以160℃的炉温约烤30分钟，完全熟透后，出炉冷却即可。

香芋派

材料

派皮：

奶油 225 克，糖浆 165 毫升，蛋黄 5 个，低筋面粉 555 克，奶香粉 6 克，吉士粉 30 克，柠檬皮少量

馅：

熟香芋泥 350 克，砂糖、奶粉、全蛋液各 50 克，奶油 30 克，蜂蜜 20 毫升，熟香芋粒适量

制作指导

香芋要选粉一点的，可以先分成小块，再蒸熟或烤熟，将熟香芋块用刀面挤压，即可轻松做成香芋泥，注意在香芋做熟后要趁热赶快制作，效果更好。

做法

❶ 奶油、糖浆混合，拌匀。

❷ 分次加入蛋黄，拌透。

❸ 加入低筋面粉、奶香粉、吉士粉和柠檬皮，拌匀成面团。

❹ 将面团倒在案台上，再用手堆叠成纯滑面团。

❺ 将面团擀薄，卷起铺于派模内。

❻ 再将边压平，用叉在表面扎孔备用。

❼ 将熟香芋泥、砂糖、奶油混合，压烂。

❽ 分次加入蜂蜜、全蛋液、奶粉，拌匀成馅料。

❾ 然后将馅料倒入派模内，抹平。

❿ 再在表面撒上熟香芋粒作装饰。

⓫ 入炉以150℃的炉温烘烤。

⓬ 烤约40分钟至熟透后，出炉脱模即可。

紫菜饼

材料

奶油 100 克, 糖粉 50 克, 盐 2 克, 鲜奶 30 毫升, 低筋面粉 150 克, 奶粉 20 克, 紫菜碎 30 克, 鸡精 2 克

做法

1. 把奶油、糖粉、盐混合,拌匀。
2. 分数次加入鲜奶,完全拌匀至无液体状。
3. 加入低筋面粉、奶粉、紫菜碎、鸡精,拌匀拌透。
4. 取出,搓成面团。
5. 擀成厚薄均匀的面片,切成长方形饼坯。
6. 排入垫有高温布的钢丝网上。
7. 入炉,以160℃的炉温烘烤。
8. 烘烤约20分钟,至完全熟透,出炉冷却即可。

制作指导

　　紫菜用量可依个人口味而调节,制作时最好切细小些。

PART2

中级入门篇

经过初级西点的烘焙练习后，相信现在的你已经能够独立制作出西点了吧？那么来接受中级西点的挑战吧！以下为你挑选的这些西点在制作上较初级的相对难些，只要多加努力，更美味的西点很快就会出现啦！

茶香小点

材料

奶油 120 克，糖粉 90 克，红茶粉 15 克，全蛋液 30 克，低筋面粉 170 克，杏仁粉 35 克，盐 2 克

制作指导

本品选择了杏仁与红茶搭配，亦可根据个人喜好，选择其他材料搭配。注意在切饼坯时，厚度要均匀，否则烤制时间不好控制。

做法

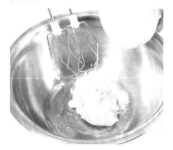

❶ 把奶油、糖粉、盐混合，打至奶白色。

❷ 分次加入全蛋液，拌匀至无液体状。

❸ 加入低筋面粉、杏仁粉、红茶粉，拌至无粉粒状。

❹ 然后取出放在案台上，用手搓成条状。

❺ 分切成均等的两份，各搓成长条，用保鲜膜封好。

❻ 移到托盘，表面放一块菜板，把圆形的条状面团压成扁状，放入冰箱冷冻。

❼ 然后把冻硬的步骤6置于菜板上，再切成厚薄均匀的饼坯。

❽ 排入烤盘，入炉，以160℃的炉温烘烤。

❾ 烤约25分钟，至完全熟透，出炉冷却即可。

鸳鸯包心酥

材料

奶油 150 克，糖浆 110 毫升，蛋黄 3 个，低筋面粉 370 克，奶香粉 4 克，吉士粉 20 克，白莲蓉、红莲蓉各适量

制作指导

制好的饼坯放入模内时，一定要压平实，以免烘烤脱模后形状不美观。

做法

❶ 把奶油、糖浆倒在一起，完全拌匀。

❷ 分次加入蛋黄，拌均匀。

❸ 加入低筋面粉、奶香粉、吉士粉，拌至无粉粒状。

❹ 将拌好的面团倒在案台上，用手堆叠至纯滑状。

❺ 将面团搓成长条状，备用；将两种不同颜色的馅料搓成长条，然后卷起。

❻ 皮与馅分切成2∶3的大小（即皮20克、馅30克）。

❼ 皮压薄，把馅包入中间，然后收口。

❽ 然后把包好馅的饼坯放入长方形模具内。

❾ 压平实，带模一齐入炉，以150℃的温度烘烤30分钟至金黄色即可。

椰奶饼干

材料

奶油 110 克，糖粉 60 克，椰浆 30 毫升，杏仁粉 30 克，低筋面粉 100 克，椰蓉 20 克

做法

① 奶油、糖粉混合，拌至均匀。

② 分次加入椰浆，拌至完全透彻。

③ 再加入低筋面粉、杏仁粉、椰蓉，拌匀后即成饼干面团。

④ 将面团装入已套有牙花嘴的裱花袋内，然后在烤盘内成形。

⑤ 入炉以150℃的炉温烘烤。

⑥ 烤约30分钟至熟透后，出炉晾凉即可。

制作指导

　　制作时加入少许椰香粉，风味更佳。装入裱花袋时，可以根据个人的喜好，选择喜欢的牙嘴，挤出饼干的形状，也可以在饼干上扫上少许清水，并粘上果碎等。

椰香脆饼

材料

全蛋液 100 克，砂糖 80 克，低筋面粉 50 克，奶粉 20 克，椰蓉 70 克，椰子香粉 2 克

做法

① 把全蛋液、砂糖倒在一起，中速打至砂糖完全溶化、呈泡沫状。

② 加入低筋面粉、奶粉、椰蓉、椰子香粉，完全拌匀。

③ 倒入铺有长条形胶模的高温布的表面。

④ 用抹刀把模孔填满，厚薄要均匀。

⑤ 取走胶模，入炉，以130℃的炉温烘烤。

⑥ 烤约20分钟至熟透，出炉冷却即可。

制作指导

饼坯的厚薄要均匀，烘烤时要控制好炉温。

空心饼

材料

清水 125 毫升，鲜奶 125 毫升，奶油 105 克，低筋面粉 125 克，全蛋液 200 克，黄桃罐头、鲜奶油各适量

做法

① 把清水、鲜奶、奶油倒一起，在电磁炉上边搅拌边加热，至奶油完全融化并沸腾。

② 加低筋面粉，快速搅拌至成团且不黏锅。

③ 降温至50~60℃后，分次加全蛋液搅匀。

④ 放凉，放入牙嘴裱花袋，挤在高温布上。

⑤ 入炉，以190℃的炉温烘烤。

⑥ 烤25~30分钟，至完全熟透出炉，冷却。

⑦ 把凉透的饼体用锯齿刀从侧面切2/3宽。

⑧ 挤入打发的鲜奶油，放上黄桃罐头装饰即可。

制作指导

面糊必须煮熟透，烘烤定型前不宜将炉门打开。

红豆包心酥

材料

奶油 150 克，糖浆 110 毫升，蛋黄 3 个，低筋面粉 370 克，奶香粉 4 克，吉士粉 20 克，红蜜豆适量

制作指导

红豆馅较松散，搓条状时可用手压、捏的方法。馅料可以根据个人的喜好换成巧克力或者其他种类。

做法

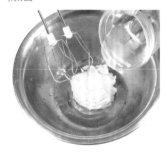

❶ 把奶油、糖浆倒在一起，完全拌匀。

❷ 加入蛋黄，搅拌均匀。

❸ 加入低筋面粉、奶香粉、吉士粉，拌至无粉粒状。

❹ 将拌好的面团倒在案台上，用手堆叠至纯滑状。

❺ 将面团搓成长条状备用。

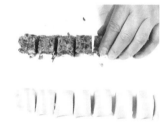

❻ 把红蜜豆压烂，搓成长条状，把皮和馅分切成3：2的大小。

❼ 将皮压薄，把馅包入中间收口，把包好的饼坯放到长方形模具内。

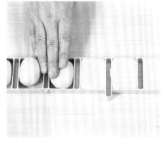

❽ 压平实，连模具一同入炉以150℃的炉温烘烤。

❾ 烘烤约30分钟，至呈金黄色熟透后出炉，冷透后脱模即可。

蛋黄莲蓉角

材料

奶油 88 克，糖粉 38 克，全蛋液 25 克，低筋面粉 185 克，奶香粉 1 克，红莲蓉 210 克，咸蛋黄 3 个，盐、蛋黄液各适量

制作指导

包馅时，蛋黄要尽量包在莲蓉的正中间，不然在分切时，蛋黄会偏离中心。

做法

❶ 奶油、糖粉、盐倒在一起，打至奶白色。

❷ 然后分次加入全蛋液，完全拌匀。

❸ 加入奶香粉、低筋面粉，完全拌匀，至无粉粒状。

❹ 取出放在案台上，用手搓成纯滑的面团。

❺ 把红莲蓉和面团均搓成条，分别切成相等的3份。

❻ 把蛋黄包入红莲蓉内，并搓成圆形。

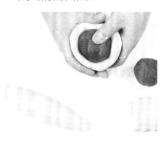

❼ 然后把面皮压扁，包入步骤6，收紧口，搓成长条，两端为尖形。

❽ 排入垫有高温布的钢丝网上，表面扫上蛋黄液。

❾ 划出菠萝格，以140℃的炉温烘烤，烤约35分钟至完全熟透，出炉冷却即可。

苹果派

材料

派皮：

奶油 225 克，糖浆 165 毫升，蛋黄 5 个，低筋面粉 555 克，奶香粉 6 克，吉士粉 30 克，柠檬皮少量

馅：

清水 150 毫升，奶粉 30 克，粟粉 30 克，砂糖 50 克，奶油 20 克，苹果粒 200 克，香酥粒 120 克

制作指导

苹果切粒后，最好放在淡盐水中浸泡一会儿，以防变黑。也可根据个人口味将苹果换成其他水果，注意切粒时要尽量切碎，这样更易于制作馅料。

做法

❶ 将派皮部分的奶油、糖浆混合，拌匀。

❷ 分次加入蛋黄，拌透。

❸ 加入低筋面粉、奶香粉、吉士粉和柠檬皮，拌匀成面团。

❹ 将面团倒在案台上，再用手堆叠成纯滑面团。

❺ 将面团擀薄。

❻ 将薄面皮卷起，平整地铺在派模内。

❼ 压平边皮。

❽ 用叉扎孔后备用。

❾ 将馅部分除香酥粒外的所有材料混合，煮熟。

❿ 将煮好的馅倒入派模内。

⓫ 然后在表面撒上香酥粒。

⓬ 入炉以150℃的温度烘烤，烤约40分钟至熟透，出炉冷却即可。

板栗派

材料

派皮：

奶油 225 克，糖浆 165 毫升，蛋黄 5 个，低筋面粉 555 克，奶香粉 6 克，吉士粉 30 克，柠檬皮少量

馅：

鲜奶 100 毫升，即溶吉士粉 35 克，全蛋液 50 克，玉米淀粉 40 克，熟板栗肉粒 200 克

制作指导

　　板栗肉要预先蒸熟，因为板栗要熟透才更香软。做馅时要将板栗肉切成颗粒状，颗粒太大馅料不易拌匀，所以最好切碎，也可以用其他材料代替板栗。

做法

❶ 把派皮部分的奶油、糖浆倒一起，先慢后快，拌匀。

❷ 加入蛋黄、奶香粉、吉士粉、柠檬皮，搅拌均匀至无粉粒状。

❸ 加入低筋面粉，拌至无颗粒状。

❹ 倒在案台上，用手搓成纯滑面团。

❺ 取出适量的面团，擀成圆片状。

❻ 用擀面杖把面片卷起，放在派模上。

❼ 用手把周边压到位，把多余的面皮去除，并用叉子在底部扎孔。

❽ 把馅部分的鲜奶、即溶吉士粉倒一起，完全拌匀。

❾ 加入全蛋液拌匀，再加玉米淀粉拌匀至无粉粒状。

❿ 加入熟板栗肉粒，拌匀。

⓫ 倒入派模内，装满，然后抹平。

⓬ 入炉，以150℃的炉温烘烤约40分钟，熟透后出炉脱模即可。

莲蓉甘露酥

材料

奶油 63 克，砂糖 75 克，小苏打 1 克，泡打粉 2 克，臭粉 1 克，全蛋液 25 克，低筋面粉 135 克，白莲蓉、蛋黄液各适量

做法

❶ 把奶油、砂糖倒在一起，先慢后快，打至奶白色。

❷ 分次加入全蛋液，拌均匀。

❸ 加入小苏打、泡打粉、臭粉、低筋面粉，完全拌匀至无粉粒状。

❹ 倒在案台上，用手搓成纯滑面团。

❺ 将白莲蓉和面团分别搓成长条状，切成均匀的小份。

❻ 把莲蓉馅包入面团整成圆形，排入烤盘，静置30分钟。

❼ 刷上蛋黄液，入炉，以150℃的温度烘烤。

❽ 烤约30分钟，至完全熟透，出炉冷却即可。

制作指导

饼坯完成后要松弛 30 分钟再刷蛋液，这样烤出的点心才松酥。

芝士条

材料

奶油 120 克，糖粉 60 克，蛋黄 30 克，低筋面粉 160 克，芝士粉 20 克，蛋黄液适量

做法

① 把奶油、糖粉倒在一起，先慢后快，打至奶白色。

② 分次加入蛋黄，拌匀。

③ 加低筋面粉、芝士粉，拌匀至无干粉状。

④ 取出搓成长条状，分成相等的4份。

⑤ 每份分别搓成细长条并均匀地分切成3份。

⑥ 排入高温布上，轻压一下。

⑦ 在表面扫上蛋黄液，用三角刮板边移动边抖动，划出花纹。

⑧ 入炉，以160℃的炉温烘烤约25分钟至熟，出炉冷却即可。

制作指导

芝士粉或奶油干酪均可。

芝士奶酥

材料

奶油 63 克，糖粉 45 克，盐 2 克，液态酥油 45 毫升，清水 45 毫升，低筋面粉 175 克，奶粉 10 克，芝士粉 8 克

做法

① 把奶油、糖粉、盐混合在一起，先慢后快，打至奶白色。

② 分次加入液态酥油、清水，搅拌均匀至无液体状。

③ 加入低筋面粉、奶粉、芝士粉，拌至无粉粒状，拌透。

④ 装入带有松一点齿的小牙嘴的裱花袋，在烤盘内挤出水滴的形状。

⑤ 入炉，以150℃的炉温烘烤。

⑥ 烤约25分钟，至完全熟透，出炉冷却即可。

制作指导

芝士粉的用量可依个人喜好调节。

红薯派

材料

派皮：

奶油 225 克，糖浆 165 毫升，蛋黄 5 个，低筋面粉 555 克，奶香粉 6 克，吉士粉 30 克，柠檬皮适量

馅：

熟红薯 175 克，奶油 10 克，红糖 25 克，蜂蜜 10 毫升，全蛋液 40 克，鲜奶油 60 克，朗姆酒 10 毫升

制作指导

最好选择淀粉较多的红薯，这样的红薯口感更加绵密，红薯蒸熟后要尽快制作。也可以用紫薯代替红薯，不仅颜色更加漂亮，营养价值也更高。

做法

❶ 把派皮部分的奶油、糖浆混合，拌匀。

❷ 然后分次加入蛋黄，拌至完全透彻。

❸ 加入低筋面粉、奶香粉、吉士粉、柠檬皮，拌匀成面团。

❹ 将面团倒在案台上，搓揉至表面光滑。

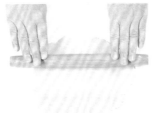
❺ 将面团擀成圆形薄片。

❻ 卷起铺于派模内。

❼ 再用擀面杖压平模边。

❽ 用叉子扎孔后备用。

❾ 将馅部分的所有材料加入容器中，拌匀至糊状。

❿ 将馅料倒入派模内，至九分满。

⓫ 入炉以150℃的炉温烘烤。

⓬ 烤约40分钟至熟透后，出炉脱模即可。

乡村水果派

材料

派皮：

奶油 225 克，糖浆 165 毫升，蛋黄 5 个，低筋面粉 555 克，奶香粉 6 克，吉士粉 30 克，柠檬皮少量

馅：

全蛋液 125 克，砂糖 75 克，中筋面粉 75 克，栗粉 20 克，泡打粉 1 克，蛋糕油 8 克，奶油 30 克，杂果肉、盐各适量

制作指导

搅拌馅料部分时不能过度，把所有材料混合均匀即可，否则馅料会过于起发，放入派皮内是满的，但烘烤过后容易下榻，不但影响外观，口感也会大打折扣。

做法

❶ 把派皮部分的奶油、糖浆混合拌匀，打发。

❷ 加入蛋黄拌匀，再加低筋面粉、奶香粉、吉士粉、柠檬皮，拌匀至无粉粒状。

❸ 然后取出放在案台上，用手堆叠成光滑面团。

❹ 取出适量面团，然后擀成圆形薄片。

❺ 用擀面杖把面片卷起，放在派模表面。

❻ 把周边的派皮压于派模内，把多余的面片去掉。

❼ 用叉子在派模内扎出孔。

❽ 把馅料部分的全蛋液、砂糖、盐倒在一起，以中速打至砂糖完全溶化。

❾ 加入中筋面粉、粟粉、泡打粉、蛋糕油，先慢后快，打至原体积的2倍。

❿ 分别加入奶油、杂果肉，搅拌均匀。

⓫ 将馅倒入派模内，抹匀。

⓬ 入炉，以150℃的炉温烘烤约40分钟至熟，出炉脱模即可。

绿茶红豆派

材料

派皮：

奶油 225 克，糖浆 165 毫升，蛋黄 5 个，低筋面粉 555 克，奶香粉 6 克，吉士粉 30 克，柠檬皮少量

馅：

全蛋液 100 克，砂糖 50 克，盐 2 克，低筋面粉 80 克，绿茶粉 10 克，蛋糕油 7 克，红蜜豆适量

制作指导

烘烤时要控制好炉温，可根据实际制作的大小、厚度来调节温度及时间。表面的红蜜豆不宜烘烤得太干，以松软绵密为最佳口感。注意烘烤过程中，不能中途打开炉门，否则会导致馅料下榻。

做法

❶ 把派皮部分的奶油、糖浆混合拌匀，打发。

❷ 加入蛋黄拌匀，再加低筋面粉、奶香粉、吉士粉、柠檬皮，拌匀至无粉粒状。

❸ 然后取出放在案台上，用手堆叠成光滑面团。

❹ 取出适量面团，擀成厚薄均匀的圆面片。

❺ 用擀面杖把面片卷起，放在派模表面。

❻ 用手把周边派皮压于派模内，把多余的面片去掉。

❼ 用叉子在派模内扎出孔。

❽ 把馅部分的全蛋液、砂糖、盐倒在一起，以中速打至砂糖完全溶化。

❾ 加入低筋面粉、绿茶粉、蛋糕油，先慢后快，打至原体积的2倍。

❿ 加入部分红蜜豆，拌匀。

⓫ 把馅料倒入派模内，至九分满，抹均匀，然后在表面撒上红蜜豆装饰。

⓬ 入炉，以150℃的炉温烘烤约40分钟，至熟透后，出炉脱模即可。

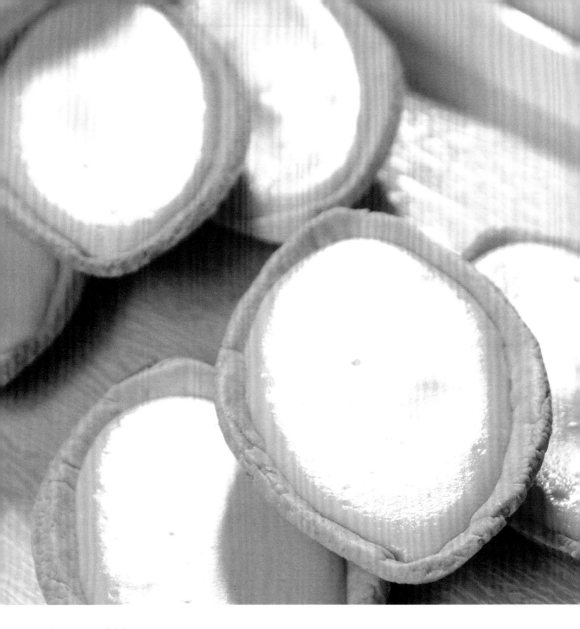

奶酥塔

材料

塔皮：

无盐奶油225克，糖浆100毫升，糖粉50克，柠檬皮2克，全蛋液50克，低筋面粉500克

馅：

奶酪150克，无盐奶油75克，砂糖25克，盐1克，蛋黄35克，鲜奶35毫升

制作指导

　　塔皮成形后最好先烤熟；烤塔馅时不须太长时间，这样口感更嫩滑，温度过高或烘烤时间过长，都会使塔馅过干，不够嫩滑。

做法

❶ 将塔皮部分的无盐奶油、糖粉、糖浆混合，拌至均匀纯滑。

❷ 加入柠檬皮、全蛋液，拌至完全混合。

❸ 加入低筋面粉，拌匀。

❹ 拌好的面团放在案台上，再用手堆叠至表面光滑。

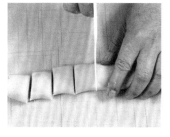

❺ 然后搓成长条状，分切成若干等份。

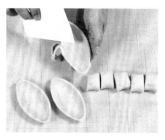

❻ 将切好的面块捏入模内，再将周边削平，入炉以150℃的炉温烤15分钟。

❼ 将馅部分的奶酪、无盐奶油、砂糖、盐混合。

❽ 搅拌至纯滑后，加入蛋黄，再拌至均匀。

❾ 然后加入鲜奶，拌匀。

❿ 将拌好的馅料装入裱花袋，挤入模内至九分满。

⓫ 然后入炉，以150℃的炉温烘烤。

⓬ 烤约20分钟至熟后，出炉脱模即可。

绿茶蜜豆小点

材料

奶油 120 克，糖粉 60 克，全蛋液 35 克，低筋面粉 150 克，绿茶粉 20 克，红蜜豆 110 克

制作指导

饼坯本身色泽较深，烘烤时要控制好炉温，着色才不会太深。

做法

❶ 把奶油、糖粉倒在一起，先慢后快，打至奶白色。

❷ 分次加入全蛋液，完全拌匀至无液体状。

❸ 加入低筋面粉、绿茶粉、红蜜豆，拌至无粉粒状。

❹ 取出倒在案台上，用手搓成纯滑面团。

❺ 然后搓成长条状，放入托盘，放入冰箱冷冻至硬。

❻ 把完全冻硬的步骤5取出，置于案台上，切成厚薄均匀的饼坯。

❼ 排入烤盘，入炉，以160℃的炉温烘烤。

❽ 烤约25分钟，至完全熟透，出炉冷却即可。

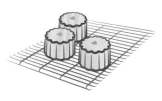

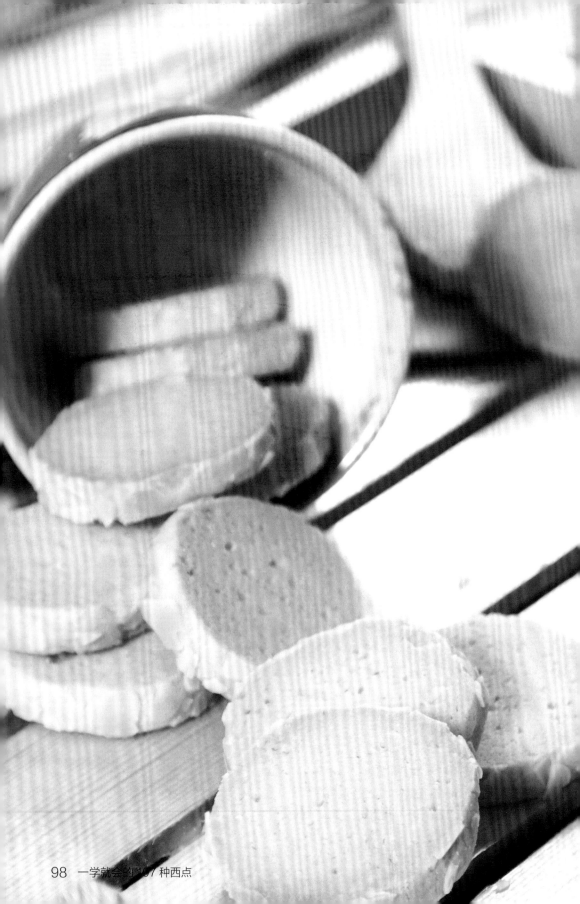

杏仁粒曲奇饼

材料
奶油 120 克，糖粉 100 克，全蛋液 80 克，
低筋面粉 220 克，高筋面粉 50 克，杏仁粉
50 克，杏仁粒适量

制作指导
　　可把杏仁片打成粉加入，烤至浅黄色即可，
颜色不要太深。

做法

❶ 把奶油、糖粉混合，先慢
后快，打至奶白色。

❷ 然后分次加入全蛋液，搅
拌均匀。

❸ 然后加入低筋面粉、高筋
面粉、杏仁粉，完全拌至
无粉粒状。

❹ 取出放在案台上，用手堆
叠成纯滑面团。

❺ 分切成相等的 3 份，然后均
搓成长条状。

❻ 分别在表面扫少许清水，
粘上杏仁粒，排入托盘，
放入冰箱冷冻。

❼ 冻硬后，取出放在案台上，
再切成厚薄均匀的饼片。

❽ 排入烤盘。

❾ 入炉，以150℃的炉温烘
烤，约烤30分钟，完全熟
透后，出炉冷却即可。

鸳鸯绿豆

材料

奶油 120 克，糖粉 60 克，全蛋液 35 克，低筋面粉 150 克，可可粉 20 克，熟绿豆 110 克

制作指导

　　烘烤过程中，要注意控制好炉温，保持饼坯不要着色。

做法

❶ 把奶油、糖粉混合，先慢后快，打至奶白色。

❷ 然后分次加全蛋液搅，搅拌均匀。

❸ 加入低筋面粉，完全拌至无粉粒状。

❹ 取出放到案台上，搓成面团，切成相同的2份。

❺ 把其中一份加入可可粉，混合搓匀。

❻ 再加入熟绿豆混合均匀，搓成长条状备用。

❼ 把另一半原色面团擀成与黑色面团一样长的薄片。

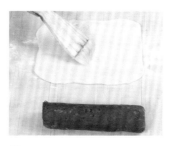

❽ 然后在表面均匀扫上少许清水。

❾ 再放上黑色长条状面团，卷起。

❿ 放入托盘，入冰箱冷冻。

⓫ 把步骤10取出，放在案台上，然后切成厚薄均匀的片状。

⓬ 摆入烤盘，入炉，以150℃的炉温约烤30分钟，至完全熟透，出炉冷却即可。

蓝莓酱酥

材料

清水 200 毫升，砂糖 38 克，全蛋液 50 克，黄奶油 45 克，中筋面粉 438 克，片状起酥油 250 克，蛋黄液、蓝莓酱各适量

制作指导

　　用印模压出形状时，面片必须先松弛，不然压出后易变形。每折叠 1 次必须放入冰箱松弛 1 小时，共 3 次。

做法

① 将砂糖、中筋面粉、黄奶油倒入搅拌桶内，然后加入全蛋液和清水。

② 将面团拌打至纯滑状。

③ 取出面团，用保鲜膜包起，在常温下静置松弛30分钟。

④ 将松弛好的面团用擀面杖压薄擀开，然后将片状起酥油包入。

⑤ 将包好的油皮擀成长方形薄皮。

⑥ 两头向中间折起成四折层状，放入冰箱静置松弛。

⑦ 松弛2小时后，再擀薄成约3毫米厚。

⑧ 用圆形切模压出酥皮。

⑨ 将其中一份酥皮排于烤盘内，另一份酥皮在中间再用切模压出一圆孔。

⑩ 底皮刷上蛋黄液，表面盖上一块圆孔酥皮。

⑪ 松弛30分钟后，再刷蛋黄液，以150℃的炉温烘烤。

⑫ 约烤40分钟，熟后出炉，待凉后加蓝莓酱即可。

柠檬派

材料

派皮：

奶油 225 克，糖浆 165 毫升，蛋黄 5 个，低筋面粉 555 克，奶香粉 6 克，吉士粉 30 克，柠檬皮少量

馅：

清水 200 毫升，砂糖 110 克，玉米淀粉 30 克，奶粉 20 克，蛋黄 40 克，柠檬皮、柠檬汁各适量，蛋清 60 克

制作指导

派皮成型后，先放入烤炉内烤熟，烤制时间可根据实际派皮的大小和厚度自行控制，呈金黄色即可。煮馅料时要用小火，将所有材料都搅拌均匀，砂糖完全溶化即可，不要煮制过久，以避免煮焦。

做法

❶ 将派皮部分的奶油、糖浆混合拌匀，再分次加入蛋黄，拌至透彻。

❷ 然后加入低筋面粉、奶香粉、吉士粉和柠檬皮，拌匀成面团。

❸ 将面团倒在案台上，用手搓揉至表面光滑。

❹ 取出适量面团，擀成圆形薄片。

❺ 卷起面皮铺于派模内，再用擀面杖将边缘压平。

❻ 用叉子在表面扎孔备用。

❼ 入炉以150℃的炉温烤至熟透，出炉备用。

❽ 将馅部分的清水、砂糖、玉米淀粉、奶粉混合，加热煮熟。

❾ 加入蛋黄、柠檬皮、柠檬汁，拌匀。

❿ 然后将步骤9倒入预先准备好的派模内。

⓫ 先慢后快，将蛋清打至鸡尾状。

⓬ 用裱花袋装上打好的蛋清并以点装饰表面，再用火枪着色即可。

无花果杏仁派

材料

派皮：

奶油 225 克，糖浆 165 毫升，蛋黄 5 个，低筋面粉 555 克，奶香粉 6 克，吉士粉 30 克，柠檬皮少量

馅：

奶油 100 克，砂糖 50 克，全蛋液 50 克，杏仁粉 80 克，低筋面粉 40 克，无花果 90 克，清水 70 毫升，啤酒 100 毫升

制作指导

　　无花果用小火煮干水分，才会入味；给孩子吃时，可以不加啤酒，加入少许蜂蜜调味；煮时要注意观察锅内剩余的水分，快干时关火，避免糊锅。

做法

❶把派皮部分的奶油、糖浆混合拌匀，然后分次加入蛋黄拌匀。

❷加入低筋面粉、奶香粉、吉士粉、柠檬皮，拌匀。

❸取出倒在案台上，用手堆叠成纯滑面团。

❹取出适量面团，再用擀面杖压薄。

❺然后卷起面皮铺于派模内，擀去多余的面片，用叉子扎孔备用。

❻将馅部分的无花果、清水、啤酒倒入锅内，用小火煮干水分，备用。

❼把奶油、砂糖混合拌匀，然后加入全蛋液拌匀。

❽加入杏仁粉、低筋面粉，完全拌匀。

❾倒入备好的派模内。

❿在派模表面放上一层煮制好的无花果片。

⓫入炉以150℃的炉温烘烤。

⓬约烤40分钟，熟透后脱模即可。

107

南瓜派

材料

派皮：

奶油 225 克，糖浆 165 毫升，蛋黄 5 个，低筋面粉 555 克，奶香粉 6 克，吉士粉 30 克，柠檬皮少量

馅：

熟南瓜 300 克，奶油 20 克，鲜奶油 30 克，蛋黄 50 克，红糖粉 50 克，肉桂粉 4 克，粟粉 15 克，橙汁 20 毫升，南瓜柄 1 个

制作指导

　　熟南瓜含水分太多，所以馅料中不要加入太多，可以采用蒸的方法把南瓜蒸熟，这样做出来的南瓜比煮熟的含水分较少，甜度也会更高。没有南瓜柄的，也可以撒上干果作装饰。

做法

❶ 把派皮部分的奶油、糖浆混合拌匀，然后分次加入蛋黄，拌至完全透彻。

❷ 然后加入低筋面粉、奶香粉、吉士粉、柠檬皮，拌匀成面团。

❸ 将面团倒在案台上，用手搓揉至光滑状。

❹ 取适量面团用擀面杖压薄，卷起铺于派模内。

❺ 再用擀面杖压平模边。

❻ 用叉子扎孔备用。

❼ 将馅部分的熟南瓜、奶油、红糖粉混合，拌匀。

❽ 加入肉桂粉、粟粉，拌至无干粉状。

❾ 加入鲜奶油、蛋黄、橙汁，完全拌匀。

❿ 倒入备好的派模内。

⓫ 在表面放上南瓜柄装饰，放入烤炉，以150℃的炉温烘烤。

⓬ 烤35分钟，至完全熟透，出炉冷却，脱模即可。

牛肉派

材料

派皮：

奶油 225 克，糖浆 165 毫升，蛋黄 5 个，低筋面粉 555 克，奶香粉 6 克，吉士粉 30 克，柠檬皮少量

馅：

新鲜牛肉 150 克，湿冬菇 50 克，洋葱粒 30 克，黑胡椒粉 5 克，葱花 15 克，火腿丁 50 克，辣椒丝 50 克，味精适量，盐、花生油各适量

制作指导

　　牛肉炒至八成熟即可，口味可依个人喜好调节。牛肉可以选用牛里脊，皮质更加嫩，牛肉炒制前，也可以先用淀粉挂糊，会锁住牛肉中的水分，炒出来的牛肉粒会更加鲜嫩。

做法

❶ 将派皮部分的奶油、糖浆混合拌匀，分次加入3/4蛋黄，拌至透彻。

❷ 然后加入低筋面粉、奶香粉、吉士粉和柠檬皮，拌匀成面团。

❸ 取出面团倒在案台上，用手搓揉成光滑的面团。

❹ 取适量面团，再用擀面杖压薄。

❺ 卷起面皮铺在派模内，再用擀面杖压平边皮。

❻ 用叉子扎孔后备用。

❼ 将馅部分的洋葱粒入油锅中爆香。

❽ 依次加入馅部分的所有材料，炒熟。

❾ 将馅料倒入派模内。

❿ 表面再铺一块薄饼皮。

⓫ 涂上蛋黄液，然后用竹签划出菠萝纹。

⓬ 入炉以150℃的炉温烘烤，烤约45分钟，熟透后出炉冷却即可。

鸡肉派

材料

派皮：

奶油 225 克，糖浆 165 毫升，蛋黄 5 个，低筋面粉 555 克，奶香粉 6 克，吉士粉 30 克，柠檬皮少量

馅：

洋葱 50 克，湿木耳 20 克，鸡肉 150 克，冬菇丝 20 克，黑胡椒粉 3 克，辣椒丝 30 克，味精 1 克，盐 3 克，花生油 20 毫升

制作指导

馅料炒熟后，先凉透再入模内，否则派皮不易熟透。注意炒制的馅料中不要有太多的水分，否则装入派皮中会影响派皮底部的品质，划菠萝皮时，轻轻划出划痕即可，线条间的间隔要均匀。

做法

❶ 将派皮部分的奶油、糖浆混合拌匀，再分次加入3/4蛋黄，拌至透彻。

❷ 然后加入低筋面粉、奶香粉、吉士粉和柠檬皮，拌匀成面团。

❸ 将面团倒在案台上，用手搓揉成表面光滑的面团。

❹ 取出适量面团，用擀面杖压薄。

❺ 卷起面皮铺在派模内，再用擀面杖压平边皮。

❻ 用叉子扎孔后备用。

❼ 将馅料部分的洋葱下油锅爆香，依次加入其他所有材料。

❽ 馅料炒熟后，凉透，倒入预备好的派模内。

❾ 表面再盖上一块薄皮。

❿ 扫上蛋黄液，然后用竹签划出格纹。

⓫ 然后入炉，以150℃的炉温烘烤。

⓬ 约烤40分钟至熟，出炉冷却即可。

菠萝蛋糕派

材料

派皮：

奶油 225 克，糖浆 165 毫升，蛋黄 5 个，低筋面粉 555 克，奶香粉 6 克，吉士粉 30 克，柠檬皮少量

馅：

全蛋液 100 克，砂糖 60 克，盐 2 克，低筋面粉 70 克，粟粉 20 克，液态酥油 30 毫升，菠萝丁适量

制作指导

制作馅料拌入低筋面粉和粟粉时，不宜用打蛋器拌，否则会使前一步打发的鸡尾状全蛋液消泡，影响馅料的松软度，烤制时不易发起，可用小铲或者手从下往上捞起，拌入面粉。

做法

❶ 将派皮部分的奶油、糖浆混合拌匀，再分次加入蛋黄，拌至透彻。

❷ 然后加入低筋面粉、奶香粉、吉士粉和柠檬皮，拌匀成面团。

❸ 将面团倒在案台上，再用手搓揉成光滑面团。

❹ 取适量面团，再用擀面杖压薄。

❺ 卷起面皮铺于派模内，再用擀面杖将边压平。

❻ 用叉子扎孔备用。

❼ 把馅部分的全蛋液、砂糖、盐混合，先慢后快，打至鸡尾状。

❽ 加入低筋面粉、粟粉，拌至无粉粒状。

❾ 然后分次加入液态酥油，拌匀。

❿ 加入菠萝丁拌匀。

⓫ 然后倒入派模中，至九分满，入炉，以150℃的炉温烘烤。

⓬ 约烤40分钟至熟透后，出炉，冷却脱模即可。

马赛克

材料

奶油 110 克，糖粉 60 克，全蛋液 70 克，低筋面粉 150 克，绿茶粉、可可粉各适量

制作指导

　　烘烤过程中，注意不要上色，不然会影响点心的外观和风味。

做法

❶ 把奶油、糖粉倒在一起，打至奶白色，再分次加入全蛋液，搅拌均匀。

❷ 加入低筋面粉，完全拌至无粉粒状。

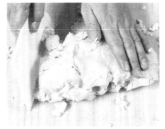

❸ 取出面团放在案台上，加入少许低筋面粉。

❹ 折叠搓成长条状，分切成4等份，2份分别加入绿茶粉、可可粉混合搓匀。

❺ 把4份不同的面团搓成粗细、长度相同的条状。

❻ 在黑、白、绿面团夹缝的位置扫上少许清水。

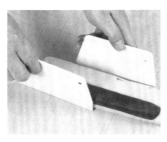

❼ 借助刮片把它们压平，压实成四方长条形，中间位置无缝隙。

❽ 放入托盘内，再放入冰箱冷冻。

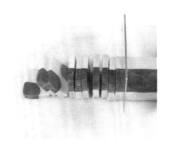

❾ 把完全冻硬的面团取出，置于案台上，切成厚薄均匀的饼坯。

❿ 排入烤盘。

⓫ 然后入炉，以150℃的炉温烘烤。

⓬ 约烤25分钟，至完全熟透，出炉冷却即可。

椰塔

材料

塔皮：

奶油 225 克，糖浆 165 毫升，蛋黄 5 个，低筋面粉 555 克，奶香粉 6 克，吉士粉 30 克，柠檬皮少量

馅：

清水 65 毫升，色拉油 38 毫升，麦芽糖 20 克，砂糖 130 克，全蛋液 100 克，泡打粉 2 克，椰蓉 130 克，低筋面粉 35 克，樱桃适量

制作指导

　　馅料中加入了大量的椰蓉，椰蓉很容易着色，且易焦糊，所以烤制时要注意控制好温度，可根据实际情况来调节温度及时间。

做法

❶ 将派皮部分中的奶油、糖浆混合，完全拌匀，再分次加入蛋黄，拌透。

❷ 加入低筋面粉、奶香粉、吉士粉和柠檬皮，拌匀成面团。

❸ 取出放在案台上，用手搓揉至表面光滑，然后擀成厚薄均匀的面片。

❹ 用印模压出圆形。

❺ 把成形面皮放入塔模内，捏到位，备用。

❻ 然后把馅部分的色拉油、麦芽糖、砂糖和部分清水混合，加热。

❼ 煮开至糖溶化，加入椰蓉煮熟。

❽ 然后加入剩余清水和低筋面粉，将调好的面糊继续加热煮熟。

❾ 放凉后依次加入全蛋液、泡打粉，拌匀成椰塔馅。

❿ 将馅料加入塔模内，至九分满。

⓫ 表面用樱桃装饰。

⓬ 入炉以150℃的炉温烘烤，烤30分钟，出炉冷却即可。

椰皇酥

材料

酥皮：

清水 200 毫升，砂糖、奶油各 45 克，全蛋液 50 克，中筋面粉 438 克，片状起酥油 250 克

馅：

椰蓉 185 克，砂糖 150 克，低筋面粉 55 克，吉士粉 10 克，奶油 50 克，全蛋液 50 克

其他：

蛋黄液适量

制作指导

盖面片的时候，注意馅料的两边要按压一下，避免馅料散出；烤好后，不要立刻将点心取出，可再焖 5 分钟左右，让馅料焖透再出炉。

做法

❶ 将酥皮部分的糖、中筋面粉、奶油混合后，加入全蛋液、清水，完全拌匀。

❷ 打至面团不粘桶，取出用保鲜膜封好，放入冰箱冷藏，松弛30分钟。

❸ 将面团擀成长方形，在一半面片上放片状起酥油，另一半面皮掀起盖好。

❹ 擀成长方形的面片，两端向中间对叠，折叠成4层，用保鲜膜包好入冰箱。

❺ 取出重复步骤4两次，取出擀成方形的面片。

❻ 分切成两条长方形面片，一条宽9厘米，另一条宽12厘米，备用。

❼ 将馅部分的椰蓉、砂糖、低筋面粉、吉士粉、奶油、全蛋液混合，拌匀。

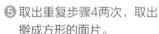

❽ 馅料搓成均匀的长条状，放在宽9厘米的面片上。

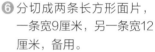

❾ 在面片的两边均匀刷上蛋黄液，然后盖上宽12厘米的面片。

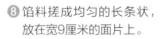

❿ 切成长5厘米的小份，再在每个面团表面横着划两刀。

⓫ 放入烤盘，刷两次蛋黄液，以170℃的炉温烘烤。

⓬ 烤至表面呈金黄色，降至140℃，再烤40分钟。

巧克力花生饼

材料

奶油 63 克，糖粉 50 克，液态酥油 63 毫升，清水 40 毫升，盐 1 克，低筋面粉 180 克，花生仁碎、黑巧克力酱各适量

做法

① 将奶油、糖粉、盐混合，拌匀。

② 加入液态酥油和清水，拌至完全均匀。

③ 加入低筋面粉，搅拌成面团。

④ 将面团装入有花嘴的裱花袋内，然后挤成个人喜欢的形状。

⑤ 入炉以150℃的温度烘烤，烤约30分钟至呈浅金黄色熟透后，出炉。

⑥ 放凉后淋上黑巧克力酱，然后粘上花生仁碎即可。

制作指导

要在巧克力未凝固前粘上花生碎，否则花生碎粘不牢固，也可以将花生换成其他的干果，注意干果颗粒不要过大，最好切碎再用。

PART3

高级入门篇

经过初级和中级的烘焙练习后，现在烘烤出一个西点对你来说应该很容易了吧？如果你想烘烤出更有难度、更有风味的西点，那就要接受高级挑战了。其实只要你认真钻研，多实践，一定可以成功的！

云石干点

材料

奶油 160 克，糖粉 80 克，盐 1 克，全蛋液 100 克，低筋面粉 200 克，绿茶粉 20 克，清水少许

制作指导

面团色泽可自由搭配，烘烤时着色不宜太深，否则绿茶粉部分的饼干颜色会发黑。

做法

❶ 把奶油、糖粉、盐倒在一起，打至奶白色。

❷ 分次加入全蛋液，拌匀呈无液体状。

❸ 然后加入低筋面粉，拌至无粉粒状。

❹ 取出面团放在案台上，用手折叠搓匀后，分成相等的两份。

❺ 在其中的一份中加入绿茶粉，搓匀。

❻ 两份面团均搓成长条状，两条并排在一起，在表面刷少许清水。

❼ 扭搓在一起，放入托盘，入冰箱冷冻。

❽ 完全冻硬后取出，置于案台上，然后切成厚薄均匀的饼坯。

❾ 摆入烤盘，以150℃的炉温烘烤，约烤25分钟至完全熟透后，出炉冷却即可。

蛋挞

材料

挞皮：

奶油 225 克，低筋面粉 555 克，糖浆 165 毫升，蛋黄 5 个，吉士粉、柠檬皮、奶香粉各少量

挞液：

砂糖 65 克，鲜奶、清水各 75 毫升，鲜奶油 15 克，三花淡奶 25 毫升，全蛋液 100 克

制作指导

挞液倒入塔皮时九分满为最佳，挞液过多，烘烤时容易溢出，塔液过少，馅料最后发不满，影响美观；一定要控制好炉温，温度过高容易焦糊，影响口感。

做法

❶ 把挞皮部分的奶油、糖浆混合，拌匀。

❷ 再分次加入蛋黄，拌透。

❸ 加低筋面粉、吉士粉、奶香粉、柠檬皮，拌匀。

❹ 取出面团放在案台上，用手堆叠至纯滑状。

❺ 擀成薄面片，用印模压出圆形。

❻ 把面片分别放入模内，用手捏到位，备用。

❼ 将挞液部分的砂糖、鲜奶、清水、鲜奶油、三花淡奶混合，加热至砂糖溶化。

❽ 冷却至35℃左右，再加入全蛋液完全拌匀。

❾ 将挞液倒入模里，以180℃的炉温烤20分钟，出炉冷却即可。

瓜子仁脆饼

材料

蛋清 80 克，砂糖 50 克，低筋面粉 40 克，瓜子仁 100 克，奶油 25 克，奶粉 10 克

制作指导

面糊完成后，要先抹到高温布上入炉烤熟，取出分切成饼坯，再入炉烤至金黄色。

做法

❶ 把蛋清、砂糖倒在一起，中速打至砂糖完全溶化。

❷ 加入低筋面粉、瓜子仁、奶粉，拌匀至无粉粒状。

❸ 加入融化的奶油，拌匀。

❹ 然后倒在铺有高温布的钢丝网上。

❺ 利用胶刮抹至厚薄均匀。

❻ 入炉，以150℃的炉温烤15分钟，烤干表面后取出。

❼ 放在案台上，切成长方形，入炉继续烘烤。

❽ 约烤8分钟至完全熟透，出炉冷却即可。

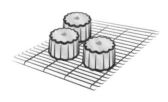

核桃塔

材料

塔皮：

奶油 225 克，糖浆 165 毫升，蛋黄 5 个，低筋面粉 555 克，奶香粉 6 克，吉士粉 30 克，柠檬皮少量

馅：

全蛋液 100 克，提子干 100 克，砂糖 80 克，核桃仁粒 100 克，炼奶 50 毫升，奶粉 50 克，蛋黄 80 克

制作指导

入炉时尽量高温，但上色后必须马上降温，才可让表面光亮而不裂开。所以要先将烤炉预热，等温度上来，然后再放入核桃塔。

做法

❶ 把塔皮部分的奶油、糖浆混合，拌匀。

❷ 分次加入蛋黄，拌透。

❸ 然后加入低筋面粉、奶香粉、吉士粉、柠檬皮，拌匀成面团。

❹ 取出放在案台上，用手搓揉至光滑状。

❺ 擀成薄面片，用印模压出形状。

❻ 将面片分别放入塔模内，用手捏到位，备用。

❼ 把馅部分的全蛋液、提子干、核桃仁粒、炼奶、奶粉和部分砂糖混合，拌匀。

❽ 然后将馅料放入备好的塔模内。

❾ 将蛋黄与剩余砂糖倒在一起，打至硬性起泡。

❿ 装入裱花袋内，再挤入步骤8内至满。

⓫ 入炉以160℃的炉温烘烤。

⓬ 约烤25分钟，完全熟透后，出炉冷却即可。

香米奶挞

材料

挞皮：
奶油 225 克，糖浆 165 毫升，蛋黄 5 个，低筋面粉 555 克，奶香粉 6 克，吉士粉 30 克，柠檬皮少量

馅：
清水 125 毫升，鲜奶 125 毫升，米饭 50 克，砂糖 25 克，全蛋液 50 克，即溶吉士粉 20 克

制作指导

　　选择米饭时应选稍硬一点的，但不能太硬，粒粒分开的即可。太软糯的米饭，带有过多的水分，烤时会影响到派皮的松脆度；米饭过硬，馅料就不够松软，同样影响整体的口感。

做法

❶ 把挞皮部分的奶油、糖浆混合，拌匀。

❷ 分次加入蛋黄，拌透。

❸ 加入低筋面粉、吉士粉、柠檬皮，拌匀成面团。

❹ 取出放在案台上，用手堆叠至光滑状。

❺ 擀成薄面片，用印模压出圆形。

❻ 将面片放入塔模内，用手捏到位备用。

❼ 将馅部分的清水、鲜奶、米饭、砂糖混合，用小火煮开，至呈糊状。

❽ 然后离火，加入即溶吉士粉拌匀。

❾ 加入全蛋液，拌匀。

❿ 装入裱花袋，挤入备好的派模内，至九分满。

⓫ 然后入炉，以150℃的炉温烘烤。

⓬ 烤25分钟至熟透，出炉冷却即可。

花生曲奇饼

材料
奶油 250 克，糖粉 250 克，全蛋液 160 克，低筋面粉 250 克，高筋面粉 200 克，吉士粉 20 克，花生仁碎 200 克

制作指导
　　面团完成入模后，要压实压平。分切时要掌握好软硬度，以免使其变形。

做法

❶ 把奶油、糖粉倒在一起，先慢后快，打至奶白色。

❷ 分次加入全蛋液，拌匀呈无液体状。

❸ 然后加入低筋面粉、高筋面粉、吉士粉，完全拌匀至无粉粒状。

❹ 加入花生仁碎，完全拌匀。

❺ 倒入已垫有白纸的方形模具内。

❻ 用胶刮压实，抹平后放入冰箱冷冻。

❼ 冻硬后，将其从冰箱取出来脱模。

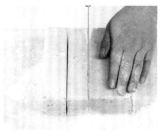

❽ 取走粘在边缘的白纸，分切成4个长条状。

❾ 再切成厚薄均匀的饼坯。

❿ 排入烤盘。

⓫ 然后入炉，以160℃的炉温烘烤。

⓬ 约烤25分钟，完全熟透后，出炉冷却即可。

瓜子仁曲奇饼

材料

奶油 225 克，糖粉 200 克，可可粉 20 克，瓜子仁 180 克，盐 2 克，全蛋液 150 克，中筋面粉 420 克

制作指导

入模压实后，要放入冰箱冻硬，分切时才不至于变形。

做法

❶ 把奶油、糖粉、盐倒在一起，打至奶白色。

❷ 分次加入全蛋液，拌匀呈无液体状。

❸ 加入中筋面粉、可可粉，拌至无粉粒状。

❹ 加入瓜子仁，完全拌匀。

❺ 然后倒在垫好白纸的方形模具内。

❻ 用胶刮压实，抹至厚薄均匀，放入冰箱冷冻。

❼ 冻硬后取出，脱模。

❽ 取走粘在边缘的白纸，分切成均匀的长条状。

❾ 然后分别切成厚薄均匀的饼坯。

❿ 摆入烤盘。

⓫ 然后入炉，以150℃的炉温烘烤。

⓬ 约烤25分钟，完全熟透后，出炉冷却即可。

松子果仁酥

材料

清水 200 毫升，全蛋液 50 克，砂糖 38 克，中筋面粉 438 克，奶油 45 克，片状起酥油 250 克，蛋黄液、松子仁、果仁馅各适量

制作指导

　　酥皮包馅卷起时接口要收紧，同时收口必须向下。果仁馅可以直接去超市买现成的，也可以自己用果仁、蜂蜜、面粉煮制。

做法

❶ 将砂糖、中筋面粉、奶油倒入搅拌桶内，再加入全蛋液和清水。

❷ 将面团拌打至纯滑即可。

❸ 取出面团，用保鲜膜包好，常温静置30分钟。

❹ 将松弛好的面团用通锤压薄擀开。

❺ 然后将片状起酥油包入。

❻ 将包好的油皮擀成长方形薄皮。

❼ 两头向中心线折起，再对折，成四折层，放入冰箱静置松弛1小时。

❽ 最后一次折叠后松弛2小时，再取出面团，擀成约3毫米厚的皮。

❾ 酥皮切成长条状，扫上蛋液；果仁馅搓成长条状，放入已扫蛋黄液的一边。

❿ 用酥皮把馅卷起包入，搓实，用刀分切成长约10厘米的段。

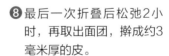

⓫ 排于烤盘中，松弛30分钟后，扫上蛋黄液，再用松子仁装饰。

⓬ 入炉以150℃的温度烘烤，约40分钟至金黄色熟透后，出炉冷却即可。

书夹酥

材料
清水 200 毫升，全蛋液 50 克，砂糖 38 克，中筋面粉 438 克，奶油 45 克，片状起酥油 250 克，豆沙适量，蛋黄液适量

制作指导
　　刀口切距要均匀，刷蛋黄液时蛋液不要粘住刀口。共折叠 3 次，每折 1 次必须放入冰箱松弛 1 小时。

做法

❶ 将砂糖、中筋面粉、奶油倒入搅拌桶内，再加入全蛋液和清水。

❷ 将面团拌打至纯滑状。

❸ 取出面团，用保鲜膜包好，常温静置松弛30分钟。

❹ 将松弛好的面团压成薄片擀开。

❺ 然后将片状起酥油包入。

❻ 将包好的油皮擀成长方形薄皮。

❼ 两头向中心线折起，再对折，成四折层，放入冰箱静置松弛1小时。

❽ 最后一次折叠后松弛2小时以上，然后取出面团，擀成约3毫米厚的皮。

❾ 将酥皮分切成长"日"字形。

❿ 在长"日"字形的一边放置豆沙，然后对边折起，在折口切开4条刀缝。

⓫ 完成后排入烤盘，松弛30分钟后，刷上蛋黄液。

⓬ 入炉以150℃的温度烘烤，烤约40分钟至熟透后，出炉冷却即可。

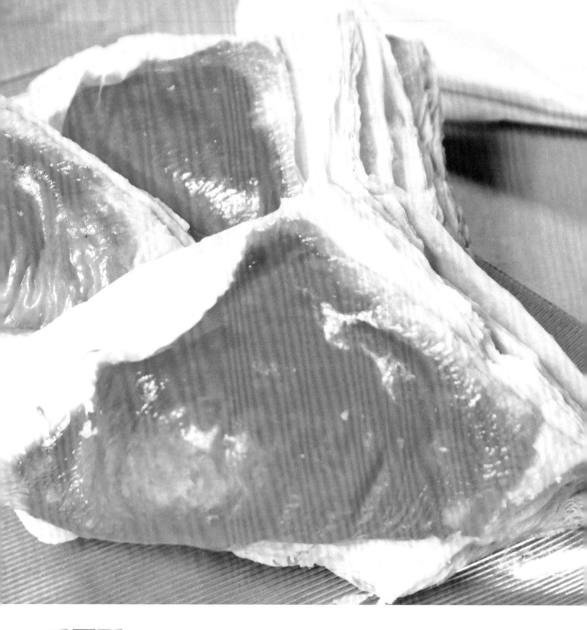

千层酥

材料

清水 200 毫升，全蛋液 50 克，奶油 45 克，砂糖 38 克，中筋面粉 438 克，片状起酥油 250 克，椰蓉馅适量，蛋黄液适量

制作指导

酥皮分切要端正，包馅时两边要对齐，烤出的成品才美观。共折叠 3 次，每折 1 次必须放入冰箱松弛 1 小时。

做法

❶ 将砂糖、中筋面粉、奶油倒入搅拌桶内，再加入全蛋液和清水。

❷ 将面团拌打至纯滑状。

❸ 取出面团，用保鲜膜包好，常温静置松弛30分钟。

❹ 将松弛好的面团压成薄片擀开。

❺ 然后将片状起酥油包入。

❻ 将包好的油皮擀成长方形薄皮。

❼ 两头向中心线折起，再对折，成四折层，放入冰箱静置松弛1小时。

❽ 最后一次折叠后松弛2小时以上，再取出面团，擀薄成约3毫米厚的皮。

❾ 将酥皮分切成正方形。

❿ 椰蓉馅捏实放置于其中一角，然后将对角包起，把馅包入。

⓫ 排入烤盘，松弛30分钟，刷蛋黄液，入炉，以150℃的炉温烘烤。

⓬ 烤40分钟，烤至浅金黄色熟透后，出炉冷却即可。

莲蓉酥

材料
清水 200 毫升，全蛋液 50 克，奶油 45 克，
砂糖 38 克，中筋面粉 438 克，片状起酥油
250 克，莲蓉适量，蛋黄液适量

制作指导
　　酥皮擀制时，水皮、油心的软硬度要注意
保持一致。共折叠 3 次，每折 1 次必须放入冰
箱松弛 1 小时。

做法

❶ 将砂糖、中筋面粉、奶油倒入搅拌桶内，再加入全蛋液和清水。

❷ 将面团拌打至纯滑状。

❸ 取出面团，用保鲜膜包好，常温静置松弛30分钟。

❹ 将松弛好的面团压成薄片擀开。

❺ 然后将片状起酥油包入。

❻ 将包好的油皮擀成长方形薄皮。

❼ 两头向中心线折起，再对折，成四折层，放入冰箱静置松弛1小时。

❽ 最后折叠后松弛2小时以上，取出面团，擀薄成约3毫米厚的皮。

❾ 将酥皮分切成长"日"字形。

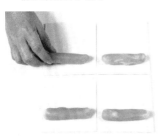

❿ 在其中一端放入莲蓉，将另一端包起，把馅包入。

⓫ 排入烤盘，松弛30分钟后，刷上蛋黄液。

⓬ 入炉，以150℃的炉温烘烤，约烤40分钟至熟透后，出炉冷却即可。

肉松酥

材料

清水 200 毫升，全蛋液 50 克，奶油 45 克，砂糖 38 克，中筋面粉 438 克，片状起酥油 250 克，肉松适量，蛋黄液适量

制作指导

　　肉松可用奶油或沙拉酱拌至黏合，这样口感更好。

做法

❶ 将砂糖、中筋面粉、奶油倒入搅拌桶内，再加入全蛋液和清水。

❷ 将面团拌打至纯滑状。

❸ 取出面团后，用保鲜膜包好，静置松弛30分钟。

❹ 然后将松弛好的面团压薄擀开。

❺ 然后将片状起酥油包入。

❻ 将包好的油皮擀成长方形薄皮。

❼ 两头向中心线折起，再对折，成四折层，放入冰箱静置松弛1小时。

❽ 最后一次折叠后松弛2小时以上，再取出面团，擀薄成约3毫米厚的皮。

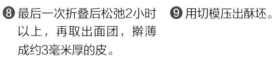

❾ 用切模压出酥坯。

❿ 然后在酥坯的一端放置肉松馅，另一端包起，将馅包实。

⓫ 放入烤盘，松弛30分钟后，刷上蛋黄液。

⓬ 入炉以150℃的温度烘烤，烤40分钟至浅金黄色完全熟透，出炉冷却即可。

花生酥条

材料

清水 200 毫升，全蛋液 50 克，奶油 45 克，砂糖 38 克，中筋面粉 438 克，片状起酥油 250 克，花生仁碎、蛋黄液各适量

制作指导

用花生仁碎装饰时，要保持碎粒完整，有粉末的话成品不美观。

做法

❶ 将部分砂糖、中筋面粉、奶油倒入搅拌桶内，再加入全蛋液和清水。

❷ 将面团拌打至纯滑状。

❸ 取出面团，用保鲜膜包好，常温静置松弛30分钟。

❹ 将松弛好的面团压成薄片擀开。

❺ 然后将片状起酥油包入。

❻ 将包好的油皮擀成长方形薄皮。

❼ 两头向中心线折起，再对折，成四折层，放入冰箱静置松弛1小时。

❽ 最后一次折叠后松弛2小时以上，再取出面团，擀薄成约3毫米厚的皮。

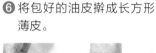

❾ 将酥皮分切成4厘米宽的长条形，然后刷上蛋黄液。

❿ 表面撒上砂糖，再撒上花生仁碎。

⓫ 排入烤盘，松弛30分钟。

⓬ 入炉，以150℃的温度烘烤，约烤40分钟至熟透后，出炉冷却即可。

和味酥

材料
清水 200 毫升，全蛋液 50 克，奶油 45 克，砂糖 38 克，中筋面粉 438 克，片状起酥油 250 克，肉松、葱花各适量

制作指导
还可加芝麻、胡萝卜丁到卷中，口感更佳，注意胡萝卜丁要切得细小一些，才更利于包裹。

做法

❶ 将砂糖、中筋面粉、奶油倒入搅拌桶内，再加入全蛋液和清水。

❷ 将面团拌打至纯滑状。

❸ 取出面团，用保鲜膜包好，常温静置松弛30分钟。

❹ 将松弛好的面团压成薄片擀开。

❺ 然后将片状起酥油包入。

❻ 将包好的油皮擀成长方形薄皮。

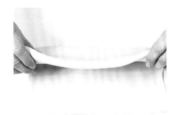

❼ 两头向中心线折起，再对折，成四折层，放入冰箱静置松弛1小时。

❽ 最后一次折叠后松弛2小时，再取出面团，擀薄成约3毫米厚的皮。

❾ 在面皮表面刷上清水，均匀地撒上肉松和葱花。

❿ 卷成卷状，分切成小份，排入烤盘。

⓫ 静置30分钟后，入炉，以150℃的炉温烘烤。

⓬ 约烤30分钟至熟透，出炉冷却即可。

鲍鱼酥

材料

清水 200 克，全蛋液 50 克，奶油 45 克，砂糖 38 克，中筋面粉 438 克，片状起酥油 250 克，椰蓉馅、蛋黄液各适量

制作指导

　　第二次折叠倒翻时，一定要压得够薄，不然出炉后两头会太厚，影响美观。椰蓉馅可以直接购买，也可以用椰蓉、奶油、面粉自己煮制。

做法

❶ 将砂糖、中筋面粉、奶油倒入搅拌桶内，再加入全蛋液和清水。

❷ 将面团拌打至纯滑状。

❸ 取出面团，用保鲜膜包好，常温静置松弛30分钟。

❹ 将松弛好的面团压薄擀开，将片状起酥油包入。

❺ 将包好的油皮擀成长方形薄皮。

❻ 两头向中心线折起，再对折，成四折层，放入冰箱静置松弛1小时。

❼ 最后一次折叠后松弛2小时，再取出面团，擀薄成约3毫米厚的皮。

❽ 然后用印模在面皮上压出形状。

❾ 然后在中间放上椰蓉馅，往中间折起后，两边压薄起倒翻。

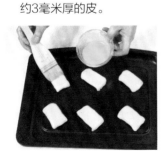

❿ 排入烤盘，静置30分钟，在表面刷上蛋黄液。

⓫ 中间划一刀至可见馅料，入炉以150℃的炉温烘烤。

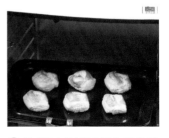

⓬ 约烤30分钟至呈金黄色熟透后，出炉冷却即可。

扭纹酥

材料
清水 200 克，全蛋液 50 克，奶油 45 克，砂糖 38 克，中筋面粉 438 克，片状起酥油 250克，椰蓉馅、蛋黄液各适量

制作指导
　　每折叠 1 次后要松弛约 1 小时，否则加温烘烤时易收缩。

做法

❶ 将砂糖、中筋面粉、奶油倒入搅拌桶内，再加入全蛋液和清水。

❷ 将面团拌打至纯滑状。

❸ 取出面团，用保鲜膜包好，常温静置松弛30分钟。

❹ 将松弛好的面团压薄擀开，将片状起酥油包入。

❺ 将包好的油皮擀成长方形薄皮。

❻ 两头向中心线折起，再对折，成四折层，放入冰箱静置松弛1小时。

❼ 最后一次折叠后松弛2小时，再取出面团，擀薄成约3毫米厚的皮。

❽ 酥皮四边切齐后，刷上蛋黄液，然后铺上一层薄椰蓉馅。

❾ 表面再盖上一块酥皮，将馅包实。

❿ 两层酥皮压实，切成2厘米宽的长酥条，两手各拿一端，反方向扭成扭纹状。

⓫ 排上烤盘，松弛30分钟后，刷上蛋黄液。

⓬ 入炉，以150℃的炉温烘烤，烤40分钟至浅金黄色熟透后，出炉冷却即可。

果仁合酥

材料

酥皮：

清水 200 毫升，砂糖、奶油各 40 克，全蛋液 50 克，中筋面粉 438 克，片状起酥油 250 克

馅：

蛋糕碎 250 克，砂糖 100 克，奶油、核桃仁碎、花生仁碎、提子干、全蛋液、花生酱各 40 克

其他：

蛋黄液适量

制作指导

　　所有起酥类产品在饼坯制作完成后都必须松弛，烘烤时才不易变形。酥皮制作的时候，一定要严格按照步骤流程，折叠次数不足的话，层次就没那么多，酥皮烤制时就发不起来。

做法

❶ 将酥皮部分的砂糖、中筋面粉、奶油倒入搅拌桶内，再加入全蛋液和清水。

❷ 将面团拌打至纯滑状。

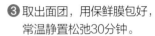

❸ 取出面团，用保鲜膜包好，常温静置松弛30分钟。

❹ 将松弛好的面团压薄擀开，将片状起酥油包入。

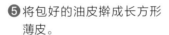

❺ 将包好的油皮擀成长方形薄皮。

❻ 两头向中心线折起，再对折，成四折层，放入冰箱静置松弛1小时。

❼ 最后一次折叠后松弛2小时，再取出面团，擀薄成约3毫米厚的皮。

❽ 用切模压出酥坯，备用。

❾ 将馅料部分的所有材料倒入搅拌桶内，然后搅拌至完全均匀。

❿ 将酥坯排入烤盘，刷上蛋黄液，然后放入馅料。

⓫ 取另一块酥坯盖上，将馅包紧，松弛约30分钟后，刷上蛋黄液。

⓬ 入炉，以150℃的温度烘烤，烤约40分钟至金黄色熟透后，出炉冷却即可。

红豆酥条

材料

清水 200 毫升，砂糖 38 克，中筋面粉 438 克，黄奶油 45 克，全蛋液 50 克，片状起酥油 250 克，红蜜豆、蛋黄液各适量

制作指导

　　开酥必须有耐性，每次要松弛透，烘烤才不易收缩。

做法

❶ 将砂糖、中筋面粉、奶油倒入搅拌桶内，再加入全蛋液和清水。

❷ 将面团拌打至纯滑状。

❸ 取出面团，用保鲜膜包好，常温静置松弛30分钟。

❹ 将松弛好的面团压薄擀开，将片状起酥油包入。

❺ 将包好的油皮擀成长方形薄皮。

❻ 两头向中心线折起，再对折，成四折层，放入冰箱静置松弛1小时。

❼ 最后一次折叠后松弛2小时，再取出面团，擀薄成约3毫米厚的皮。

❽ 边皮切齐后刷上蛋黄液，然后撒上红蜜豆，用另一边的皮将豆包起。

❾ 取菜刀将面皮分切成约4厘米宽的酥条状。

❿ 两头折起，然后再把中间切开。

⓫ 酥条其中一头反串穿成兔耳状，排于烤盘中，松弛30分钟后，刷上蛋黄液。

⓬ 入炉以150℃的炉温烘烤约40分钟，至呈金黄色熟透后，出炉冷却即可。

姜酥

材料

奶油 100 克，砂糖 100 克，泡打粉 2 克，臭粉 1 克，全蛋液 13 克，低筋面粉 160 克，苏姜 40 克，花生仁碎 35 克

做法

❶ 奶油、砂糖倒在一起，用胶刮混合拌匀。

❷ 分次加入全蛋液，搅拌均匀。

❸ 加入泡打粉、臭粉、低筋面粉、苏姜、花生仁碎，完全拌均匀。

❹ 取出面团放在案台上，将面团折叠搓成长条状。

❺ 然后切成均匀的小份。

❻ 摆入烤盘，用手轻压一下，放于常温下静置30分钟。

❼ 入炉，以150℃的炉温烘烤。

❽ 烤约30分钟，至完全熟透，出炉冷却即可。

制作指导

　　饼坯完成后要稍松弛，否则烤制完成后的成品会不够酥脆；炉温和时间要注意把握好，着色太深，饼干味道会发苦，整体形象也会不够好看。